Maya 在三维动画制作流程中的关键技术

于 涛 著

中国原子能出版社

图书在版编目（CIP）数据

Maya 在三维动画制作流程中的关键技术 / 于涛著

. --北京：中国原子能出版社，2024.10

ISBN 978-7-5221-3399-7

Ⅰ．①M…　Ⅱ．①于…　Ⅲ．①三维动画软件Ⅳ．
①TP391.414

中国国家版本馆 CIP 数据核字（2024）第 093290 号

内 容 简 介

全书共分为七章，涵盖了三维动画制作的三大模块，对三维动画制作的关键技术进行了比较详细的研究和分析。所有内容均由作者亲自实践获得，并对一些相似的功能进行了分析和比较。其中，第一章为三维动画制作流程概述，主要分析了三维动画制作的现状和发展趋势及 Maya 在三维动画领域中的地位。第二章为多边形建模的命令解析和制作方法的应用与研究，对扫描网格等新功能也进行了详尽的分析，也对布线方法进行了比较全面的解释。第三章为曲线和曲面的建模方法的相关内容，着重分析了曲线和曲面建模在三维动画中的实际应用方法。第四章是关于 MASH 系统的全面解析，对于MASH 系统的应用方向和使用方法都做出了大量的研究和解释。第五章是对绑定和蒙皮的主要方法和设置的研究，其中骨骼绑定部分包含了自建骨骼和 HumanIk 的应用与解释。第六章主要研究动作模块的三个主要编辑器的使用方法，书中不仅对三种编辑器的相关命令与工具进行了细致的分析，还对其应用范畴进行了比较。第七章主要对材质的应用方法和渲染器的设置及采样质量进行了详细的解析。

Maya 在三维动画制作流程中的关键技术

出版发行	中国原子能出版社（北京市海淀区阜成路 43 号　100048）
责任编辑	张　磊
责任印制	赵　明
印　　刷	北京九州迅驰传媒文化有限公司
经　　销	全国新华书店
开　　本	787 mm×1092 mm　1/16
印　　张	11.5
字　　数	160 千字
版　　次	2024 年 10 月第 1 版　2024 年 10 月第 1 次印刷
书　　号	ISBN 978-7-5221-3399-7　　定　价　**78.00 元**

发行电话：**010-88821568**　　　　　　版权所有　侵权必究

前　言

　　三维动画作为一种视觉艺术的表达方式，已经成了当代社会中不可或缺的一部分。它以其独特的魅力，吸引着无数创作者投身其中，不断探索和突破。三维动画的魅力，首先来自于其无限的可能性。从微观的细胞结构，到宏观的宇宙星辰，从简单的几何体，到复杂的生物形态，都可以通过三维动画的形式，以惊人的真实感和视觉冲击力展现出来。这种跨越时空和现实的创作自由，使得三维动画成了最具表现力的艺术形式之一。本书的目的，旨在为广大三维动画爱好者提供一份全面而系统的参考资料。

　　三维动画的制作过程是非常复杂的。一部完整的动画片可能需要上百人的团队经过多年的制作才能够完成。它需要创作者具备扎实的计算机技术以及相关软件技能，对动画原理有深入的理解，同时还要有丰富的艺术感知和创意思维。本书将从建模、材质、灯光、动画等模块的关键技术入手，对其进行剖析和解释，希望能通过这样一本书帮助读者攻克三维动画制作中的重重障碍，从而提高动画制作效率。

　　在内容编排上，本书注重理论与实践相结合。通过七章的内容把三个主要模块的主要技术点进行详细解释。同时，还提供了大量的方法比较，帮助读者快速掌握不同方法所带来的不同效果和效率，达到巩固所学知识，提升技能水平的目的。

　　此外，本书还关注行业动态和技术前沿。在介绍关键技术的同时，也会穿插介绍当前三维动画行业的最新发展趋势和技术创新，让读者在学习的同时，也能把握行业脉搏，为未来的职业发展做好准备。

总之，本书是一本较为全面、系统、实用的基于反复的过程实践所编写的一本理论专著。它旨在帮助读者从零开始，逐步掌握三维动画的制作技术，发掘其艺术魅力。无论你是初学者，还是有一定基础的动画爱好者，都能在本书中找到自己需要的知识和技能。

　　尽管笔者在写作过程中力求精准、完善地解释书中所涉及的技术点，但书中仍然可能存在疏漏或不妥之处，恳请广大读者批评指正。

著　者

2024 年 1 月

目　　录

第一章 三维动画制作流程概述

第一节 三维动画技术的发展现状与未来走向

动画作为一个文化产业，同时具备在不同媒介上传播与多元化发展的可能性。国内外成功的案例也可以证实，动画在健全的产业生产循环下，收益十分可观，并且可以因其巨大的收益吸引更多的投资与关注。但动画产业的一个显著特点就是生产成本高、制作周期长。这十分影响投资主体的投资积极性。2000年以来三维动画技术的迅速发展，这些新技术优化了动画制作流程、提高了生产效率、降低了制作成本，同时也让更多投资者愿意加入到这个行业中，让动画质量和数量都有了明显提升。

三维动画技术目前处于快速发展和应用阶段，在电影、电视、游戏、广告、工业设计、医疗、教育等领域的应用越来越广泛。

一、建模技术

多边形建模技术已经非常成熟，也是目前动画制作中必不可少的建模方式。多边形建模软件也已经呈现出百花齐放的状态，不同开发主体每年都会推出新的建模技术应用于动画制作中。这些技术的创新和融合为动画创作者提供了创建更加复杂和精细模型的可能。

雕刻建模技术是以手绘的方式来创造模型，在动画制作中的比重也日益增加，它让动画及游戏产品的细节表现获得了极大的提升。适用于需要高度精细细节的场景，如游戏设计、电影制作等。通过数字雕刻技术，可以轻松

1

地做到传统建模所无法达到的效果。

三维扫描模型的应用也越来越广泛。随着技术的进步和市场竞争的加剧，三维扫描设备的价格逐渐降低，使得更多的企业和个人可以享受到三维扫描技术带来的便利。它的发展现状非常好，未来还有很大的发展空间和应用潜力。随着技术的不断创新和应用需求的不断增长，相信三维扫描技术将会在更多的领域得到应用和推广。

二、材质和贴图技术

目前材质贴图技术主要是用计算机模拟现实物体的颜色、反射、粗糙度、金属度、凹凸效果等基本属性。通过这些物理属性的参数调节，创作者可以获得自己想要实现的效果。在过去，这些效果都需要经过 CPU 的计算才能实现，而这一计算过程取决于 CPU 的计算能力，往往需要经过很长的时间。目前材质贴图技术已经获得了飞速发展，在显卡性能较好的计算机上可以直接显示材质实际效果，真正做到了所见即所得。目前该技术领域已经发展出了相对独立的材质贴图软件，如 Substance Painter 和 Mari。两款软件分别在相应的领域内取得了难以撼动的地位，也成了目前很多动画公司不可或缺的流程组成部分。

三、动作捕捉技术

动作捕捉技术，或者称为运动追踪技术，是一种能够记录并生成生物的运动轨迹数据的技术。这种技术已经被广泛应用于电影制作、游戏开发以及虚拟现实和增强现实等领域。动作捕捉技术可大大降低动作部门的人力成本，通过捕捉现实世界中演员或物体的运动并记录相关数据，这些数据可以被实时传输到动画中的虚拟角色，使得虚拟角色的动作更加自然和真实。

通过这么多年的发展，无数的优秀商业案例涌现在人们眼前，预示着三维动画有着无限的前景和未来。立足当前，展望三维动画的发展也可能有以下发展趋势。

实时渲染技术的发展：实时渲染技术的不断提升，将使得三维动画的制作更加高效和流畅。未来，实时渲染技术可能会进一步发展，从而实现更加逼真的效果和更高的渲染速度。

虚拟现实技术的应用：随着虚拟现实技术的不断发展，三维动画可能会更多地应用于虚拟现实领域，为用户带来更加沉浸式的体验。

人工智能技术的应用：人工智能技术的应用将使得三维动画的制作更加智能化和自动化，可提高制作效率和质量。

云计算技术的应用：云计算技术的不断发展，将为三维动画的制作提供更加强大的计算和存储能力，为制作团队提供更加便捷的协作和交流方式。

第二节　三维动画的整体制作流程

三维动画制作过程可分为前期准备、中期制作、后期制作三个阶段。

前期准备包括剧本编写、角色设计、场景设计、分镜头设计等。

剧本编写是动画制作的基础，是动画制作的前提条件，并贯穿于动画片的始终。剧本把文字视觉化，用语言的形式把故事描绘成画面，剧本是编剧创作意图的体现，通过剧本可以传达出作者想要表达的思想和情感。这些意图是保证故事发展且能够吸引观众的根本动力，好的剧本不仅可以让观众接受这个片子还可以引导观众思考和理解作品所蕴含的意义，从而实现作品的更深层次的价值。

角色设计将决定故事中的人物的具体形象，以此来赋予每个角色不同的特点，形成与剧本高度一致的风格表现。好的角色设计会通过五官、服饰、发型等表现让观众更好地理解角色的性格和情感，从而把观众更好地代入到故事中。好的角色设计对品牌形象也有着重要作用。

场景设计通过创造特定的背景和环境，能够为故事情节营造出相应的氛围。场景设计往往与故事情节相互呼应，能够通过场景的变化和情节的发展，推动故事走向高潮。优秀的场景设计可以为观众带来视觉上的享受，提升作品的观赏价值。

分镜设计是指在实际拍摄或制作前，以故事画格绘制的方式来表现说明影像的构成，按叙事要求进行排列组合，并对镜头的运镜方式、动作、持续时长、对白、特效等进行明确标注。有时候为了节省成本，也会以文字分镜替代绘画分镜。

中期制作需要依据前期内容的基础来进行整个动画片的制作，步骤分别为建模、材质、灯光、分镜动画、摄像机控制、渲染等。中期也是把二维设计稿三维化的一个过程，在此过程中，场景和角色将会像现实世界一样不仅有上下和左右两个维度，同时还有了纵深感，无论在哪一个视角都以三维空间的方式呈现出来。而在进行这一过程的同时，还要考虑表现对象的材质以及周围的光影关系以及画面质量等。最重要的，角色需要动起来，也就需要搭配一套接近人类形态的骨骼系统以及驱动骨骼动起来的因素。因此这一过程是复杂且充满挑战的。

后期制作是对前面所制作的内容进行剪切、调整、添加效果、配音以及音效等。后期制作是动画制作中必不可少的一环，它能够将中期制作的素材进行深加工处理，最终呈现出一部高质量的作品。

第三节　Maya 在动画制作流程中的位置与作用

Maya 是一款强大的三维动画制作软件，自诞生以来就成为动画制作的最重要工具之一。在我们耳熟能详的优秀动画作品中，几乎都可以找到 Maya 的身影。

Maya 主要应用于动画制作流程中的中期环节，也就是主要用于建立模型、材质、灯光和动作以及特效等关键环节。具体来说，Maya 提供了丰富的建模工具，可以创建各种形态复杂的角色和场景模型；通过材质编辑器，可以为模型打造丰富的纹理和真实的质感；在灯光设置方面，Maya 提供了各种类型的灯光，可以模拟自然光和人工光源的效果，使场景更加富有层次感和立体感；此外，Maya 还具有强大的动画制作功能，可以通过关键帧、曲线等工具，为角色和物体添加生动逼真的动画效果。

在动画制作流程中，Maya 的作用主要体现在以下几个方面：

- 模型建立：Maya 提供了高级的建模工具，可以创建各种形态复杂的角色和场景模型。通过 Polygon、NURBS 等建模方式，可以快速高效地建立高质量的模型。

- 材质与贴图：Maya 的材质编辑器可以让创作者为模型添加逼真的纹理和质感，通过调整材质的属性，可以模拟出各种材质的效果，如金属、玻璃、布料等。此外，Maya 还支持 UV 展开和贴图绘制，可以制作更加精细的纹理效果。

- 灯光与渲染：Maya 的灯光系统非常强大，支持各种类型的灯光，包括环境光、聚光灯、平行光等。通过调整灯光的颜色、强度、阴影等参数，可以模拟出各种光线效果，增强场景的氛围感。此外，Maya 还支持多种渲染器，如 Arnold、Vary 等，可以制作高质量的渲染效果。

- 动画制作：又可以称为动作调节。Maya 提供了全面的动作制作工具，包括关键帧、运动曲线、骨骼绑定等。通过这些工具，创作者可以轻松地为角色和物体添加生动逼真的动画效果。其中 Maya 的曲线编辑器及相关功能已经成为三维动画行业中最强大的编辑方案之一。此外，Maya 还支持动力学模拟和反向动力学模拟，可以模拟真实的物理运动效果。

- 特效制作：Maya 的特效制作功能也非常强大，包括流体动力学、粒子系统、破碎效果等。通过这些特效工具，可以模拟包含云、雨、烟、火等现实可见的几乎所有特殊效果。

综上所述，Maya 在三维动画制作流程中占据着非常核心的位置，它提供了针对三维动画中期任务的一整套完整解决方案。这些方案经过开发者几十年的积累，已经在三维动画领域里被使用者所肯定和推崇。掌握这些方案的关键技术则成为制作动画的必要条件，相对于其他三维软件，Maya 的优势已经非常明显，但掌握 Maya 中的各项关键技术则不是一件容易的事。在庞大的 Maya 制作系统里，有些功能很少会用到，有些功能则需要高频出现并对解决问题起关键作用，接下来，我将对 Maya 各个模块的关键技术以及应用场景或应用条件进行详细的解释。

第二章　多边形建模模块的主要工具和方法

第一节　细分数的分配与对象复制功能详解

多边形建模是三维计算机图形学中的一种建模方法，主要用于创建和表示 3D 对象。在多边形建模中，一个物体由一系列的多边形（Polygon）组成，这些多边形定义了物体的表面。在多边形建模中，通常需要先创建一个基础模型，然后通过添加、删除或调整多边形的顶点、边和面来修改模型，以达到所需的形状和细节。此外，还可以使用各种工具来平滑模型表面、添加纹理和贴图等，以提高模型的视觉效果。多边形建模的优点包括灵活性高、可编辑性强、渲染速度快等。虽然随着科技的发展，让越来越多的建模方式走到动画制作的前台，但是无论哪种方式都无法离开多边形建模而孤立存在。到目前为止，它仍然是一种应用最广泛的三维动画建模方式。

多边形建模的一个显著特点就是要保持合理的细分数（也可以称为分段数），细分数越高模型可塑造细节的空间也就越大，所耗费的计算机硬件资源也就越多，塑型难度和修改难度也会相应增加。为了避免出现这样的问题，在多边形建模中，已经达成一个行业共识：用尽可能少的细分数塑造尽可能完美的模型。

在图 2-1 中，左侧球体的细分数要远少于右侧球体的细分数，而在此案例中，细分数再多也无意义，因为左侧的细分数量已经足够支持一个圆球所具备的分段。当需要把这两个球体变为更复杂的造型的时候，就需要根据造型特点决定是否增加细分数量以及增加多少。

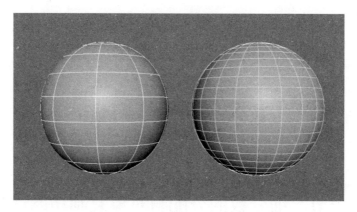

图 2-1

　　一般情况下，初次创建的几何体修改细分数是很容易的，模型会自带细分数属性，在球体模型中，通道面板的输入节点下会有两个属性来决定球体分段的数量，它们分别是轴向细分数和高度细分数。轴向细分数控制纵向的细分数量，高度细分数控制横向的细分数量。操作它们可以通过最常见的输入数值的方式，也可以通过按住鼠标中间左右滑动的鼠标的方式来增加或减少细分数。当使用鼠标中键增加细分数量的时候，数值增加到 50 段时软件会停止数值继续增加，鼠标向右滑动将不再有任何效果。这并不意味着该模型只能增加到 50 段。实际上它可增加的段数远超我们实际需要的段数，这一前提是所使用的计算机必须达到相应的配置。

　　前面说过，多边形建模的细分数应尽可能少，但这并不意味着要为了少而少。比如在做一个鞋底模型的时候，它的细分数应该保持多少才合理呢。大多数情况下，要基于它的造型特点，能够把建模对象的大形基本表现出来的细分数就是所需要的基础细分数量。过多或多少都会给建模工作造成麻烦。比如冰箱这样纵向造型的物体，它的高度细分数应多于宽度和深度的细分，而呈横向特征的沙发则应该宽度细分多于高度细分。随着建模的不断深入，细分数量也要相应的增加。但是经过一定数量级编辑的多边形物体已经不再支持通道面板更改细分数，此时再在这里更改细分数，模型就会出现错误甚至变形。此时增加细分数，应使用建模命令下的平滑工具。过去，在模型基本完成之前不建议使用该工具，因为它的使用会导致模型难以再次修改。但是在 2024 版的 Maya 中，开发者为我们增加了一个有用的工具："取消平滑"。该命令的诞生可以让我们已经平滑的模型恢复到未平滑的状态。除此以外，就是手动增加细分数，这也是主要的增加方式，它符合层层递进的造型思维和建模方法。它也是一种客观规律。

当一个基本几何体创建之后，需要另一个一样的几何体的时候，就需要使用到复制工具。在 Maya 中提供了两种复制物体（Maya 中又叫对象）的方式：Ctrl＋D 和 Ctrl＋C，Ctrl＋V。前后两组快捷键都具有复制功能，虽然后者看起来操作繁琐，但后者的复制方式可携带输入网络节点。也就是说后者复制出来的对象，其属性通道带有细分数量等参数，并且参数可调。这就更加地方便我们在原有对象上的塑造另一种相似但又不完全的相同的造型。通过节点编辑器查看节点网络来看，第二种复制方式增加了一个历史属性节点，这是历史属性继承了原始几何体的细分数量属性。因此当需要调节属性的时候只能使用第二种复制方式。

除此以外，Maya 的复制命令还提供了连续复制的功能。连续复制首先基于普通复制的操作，然后增加一个相对位置变化，再执行连续复制的快捷键"Shift＋D"。这三个步骤缺一不可，且要一气呵成。此过程中如果增加了其他多余的操作，就会导致连续复制功能无法实现，甚至会导致原位置产生多个复合对象。连续复制不仅支持相对位移，还支持旋转和缩放两个基本属性。使用这样的方法，可以快速地创建有规律性的物体，如楼梯、旋转楼梯、钟表刻度等。

在 Maya 的编辑菜单下还提供了一个特殊复制的选项，该选项除了具备连续复制功能以外，还提供了一个"实例"选项（见图 2-2）。这个选项可以简单地理解为跟随变化。当原始物体产生形体变化时，复制出来的物体也会跟着一起变化。这一个功能适合物体复制后需要二次加工的情况。当完成模型之后，可通过删除历史记录的方式结束这种关联。

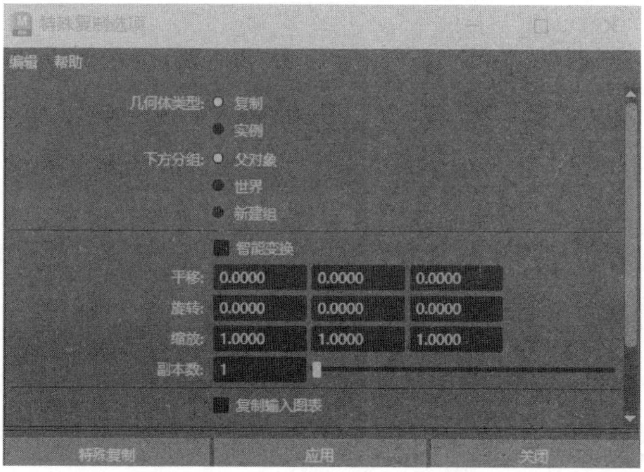

图 2-2

复制输入图标选项勾选后，可以强制对全部引导至选定对象的上游节点进行复制。上游节点是指为选定节点提供内容的所有相连节点。

如果 A、B 和 C 是连接至 D 的上层节点，那么 A→B→C→D，当选择 D 并使用"复制输入图表"（Duplicate Input Graph）选项时，结果图将如下所示：

A_1→B_1→C_1→D_1（其中 A_1、B_1、C_1、D_1 是 A、B、C、D 的副本。）

复制输入连接选项启用后，除了复制选定节点，也会对为选定节点提供内容的相连节点进行复制。

如果 A、B 和 C 相连，且为 C 提供内容，那么 A→B→C，当选择 C 并使用"复制输入连接"（Duplicate Input Connections）选项时，结果图将如下所示：

A→B→C 以及 A→B→C_1（其中 C_1 是 C 的副本）。

第二节　选择技巧

在三维动画中，场景中的对象可能非常复杂，涉及多个层级和组件。选择功能可以帮助制作人员组织和管理这些对象，例如通过层级结构来组织和管理对象。这有助于提高工作效率和减少错误。把选择功能研究透彻可以快速地定位和导航到场景中的特定位置或对象。通过不同类型的选择功能，制作人员可以轻松地移动、旋转或缩放对象，以实现所需的视觉效果和动态行为。

在 Maya 中的选择功能可分为三大类。

第一类就是对物体（对象）的选择，其中包含点选（又包含加选和减选）、框选、套索选择。点选是最常用的选择方式，适合较少的对象的选择；框选则正好相反，它适合批量选择或全部选择；有时候在批量选择的时候又需要排除部分对象的时候就会需要用到套索选择，套索选择相对于框选来说，操作可能更为繁琐一些，但它可以相对精确地选择多个物体的必要选项。对于点、边、面的选择来说，除了配合 Ctrl 键和 Shift 键进行加选和减选外，还可以同时按住 Ctrl 键和 Shift 键进行增选，增选不会减掉已有的选择，而加选则会对重复的位置进行减选操作。

第二类要介绍的是共同选择。它包含了选择层、选择组和选择集。

选择层既通道面板下的层面板，在此面板中可以创建若干层级，每一个层级可以赋予 N 个不同的物体对象，通过选择相应的图层就会实现相应的选择效果。这种选择方式适合具有共同属性或特点的对象，且在操作中会高频率出现的情况。比如三维动画场景中的屋顶，当房子建好后，需要再往房子里添置其他道具，就需要临时隐藏屋顶的全部物体，以便方便观察和操作。此时如果把所有的物体对象都建立一个层，就可以随时隐藏和显示屋顶对象，这对于提高制作效率有着非常重要的作用，并且在实际制作中，这些看似简单的操作会大大地提高制作效率、缩短项目周期。

除此以外，常用的选择方式是为对象打组，也叫创建组。打组是把场景中的多个物体一起选择并且组合到一个文件夹的过程。在大纲视图中选择了文件夹也就选择了组内的所有物体，也可以通过选择组内任意物体然后通过点击上方向键的方式选择组内所有物体。因此这也是一种非常快捷有效的选择方式。在选择组和选择层的应用上，一般来说可以遵循一定的规律去决定采用哪种方式，比如场景中的物体过多，大纲视图比较杂乱的时候，可通过增加组的方式让大纲视图形成相对固定的分类。这样对管理和区分场景组件有较大的帮助。当需要经常显示或隐藏某些物体的时候，则可以采用选择层的方式。

在这一大类里，还有一种选择方式叫做选择集。集是对象或组件的集合。任何可选择的项目都可存在于集中。集作为一个表示集合的独立节点而存在。与组不同，集并不会改变场景的层次，它们只是任意集合。集始终保存在场景级别中，且不能是对象、组或层次的一部分。

可以创建两种不同类型的自定义集：集和快速选择集。二者均可包含选定对象、组件或组，但快速选择集不能添加到划分。顾名思义，快速选择集对于方便地选择任意对象或组件集合最有用。例如，可以在多边形对象上选择多个顶点并将其放置在一个集中，以便轻松选择顶点并对其建模。

在某些情况下，Maya 将自动创建集。例如，在将簇变形器添加到 NURBS 曲面的 CV 时，Maya 将为 CV 创建集。可以通过编辑集来控制变形的效果。Maya 还可以创建表示着色组和层的集以及由变形器、屈肌和蒙皮控制的点。

集非常适用于下列情况：

- 对于经常选择且在视图面板中难以选择或者嵌套到层次中导致难以轻松访问的对象或组件，可以简化选择操作。
- 将对象指定到着色组进行渲染。
- 将对象从一层移动到另一层。
- 调整变形器、蒙皮和屈肌变形。
- 调整簇权重、簇屈肌和蒙皮点。
- 处理着色组。

划分是相关集的集合。划分可防止集中有任何重叠的成员。在重叠的成员可能会引起问题的情况下，Maya 使用划分保持集的独立。

Maya 创建划分以防止角色集、着色组、蒙皮点集以及排除式变形器中有重叠的成员。

如果希望创建无重叠的集，则可以创建自己的划分。例如，假定正在为卡通角色设置微笑和大笑时鼻子的动画。您已将簇添加到数个 CV 中以调整微笑时的鼻子；同时将另一个簇添加到不同的 CV 中以调整大笑时的鼻子。创建两个簇将为每组 CV 都创建一个集。有时会要将 CV 从一个集移动到另一个集。当将 CV 从一个集移动到另一个集时，这些 CV 将保留在第一个集中。您可能不希望将 CV 保留在第一个集中，因为变换簇时，这些 CV 会添加不需要的变形。

若要避免该问题，可以创建一个划分并将两个集置于该划分中。该划分可防止一个集拥有另一个集中的成员。当将 CV 从第一个集移动到第二个集中时，系统将自动从第一个集中移除这些 CV。

第三大类选择方式主要是面向对象下一级的元素：顶点、边、面以及 UV 等。这类选择方式主要目的是编辑模型，改变或建立造型的主要控制方式。它们同样支持点选、框选以及套索选择。同时还支持一些特有的选择方式：

- 双击物体的某一个顶点，既会选择所有顶点。
- 选择其中的一个顶点然后按住 Shift 键选择相邻的顶点，则这一列顶点都会被选中。
- 选择其中的一个顶点，间隔选择这一列中 N 个顶点之外的某个顶点，则会选中其间的所有顶点。

以上方式不仅仅适用于顶点，也同样适用于面或边的模式，即使遇到转角，也同样适用。见图 2-3。先选择左侧一个面，然后按住 Shift 键双击右侧

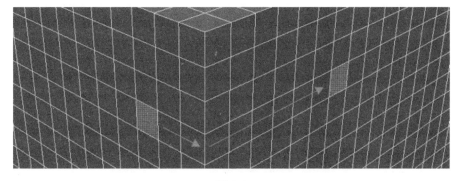

图 2-3

某一个面，就会成两个面之间的连续选择。如果两个面不在同一列中，则会形成全选效果。此操作和累加执行。这种操作在建模过程中会经常使用到。

第三节　布尔运算的应用

布尔运算在三维动画中是一种获得普遍应用的技术，它通过对两个或多个物体进行并集、交集、差集等运算，得到新的物体形态。这种不同寻常的建模方式虽然在布线和后续的修改上存在一定的问题，但是其高效的生产模式，引起了很多人的关注和兴趣。

在 2024 版的 Maya 中，并集会产生一个新的物体，而参与计算的两个原始物体仍然可以做相应的调整，如位移、旋转和缩放。通过属性面板可直接修改计算方式，可供选择的计算方式有差集 A-B（见图 2-4）、差集 B-A（见图 2-5）、交集（见图 2-6）、切片（见图 2-7）、打洞、裁切等。

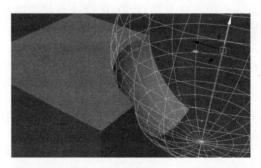

图 2-4

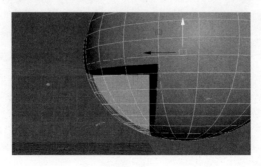

图 2-5

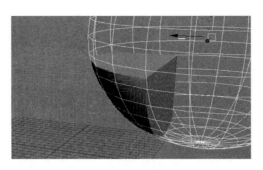

图 2-6

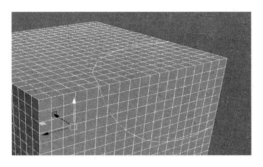

图 2-7

通过图 2-4～图 2-7 可以发现无论使用哪种运算方式，模型的原始物体都始终存在于场景中，并且可无限次更改运算方式。当不再需要修改时，可通过删除历史记录固定物体形态。经过运算的布尔物体会产生很多多边面（超过四边形的面），这在 Maya 中一般是不允许存在的，所以为了模型在后续流程中可以使用，一般要对布尔的多边面进行修改。在下图（见图 2-8）的模型中，由于对模型进行了布尔运算，在模型的转折处形成了很多多边面，

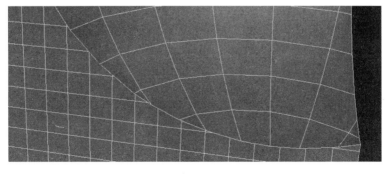

图 2-8

15

这也就意味着基础模型的细分数越多，产生的多边面也就越多，后期修改量也就越大。布尔运算的这一弊端，在目前来看只能通过控制模型细分数量以及后期手动调整布线的方式来解决。

既然布尔运算有如此大的弊端，为什么还要在流程中使用布尔运算。这是由于在部分造型中，使用其他方法可能存在更多的问题，耗费更多的时间。比如要在模型上做一个高精度的圆角孔洞，那使用布尔运算的成型效率就要比多边形建模的方式高很多。

以下是 Maya 布尔运算的一些常见问题和解决方法：

避免在使用接合（combine）操作之后的物体上执行布尔运算。如果将两个 combine 的物体与另一个物体进行布尔运算，可能会出现问题。解决方法是先进行交集运算（union）然后再与其他物体进行布尔运算。

确保参与布尔运算的物体的完整性。如果物体的部分缺失或损坏，可能会导致布尔运算失败。解决方法是检查并修复物体的完整性，或者使用其他方法进行修复。

确保布尔运算的两个物体接触的部分有线条通过，否则无法进行加线操作编辑物体。解决方法是在物体接触部分创建线条，或者使用其他方法进行修复。

避免在开放边界处让两个物体交叉，否则会导致布尔运算失败。解决方法是调整物体的位置，避免交叉，或者使用其他方法进行修复。

在进行布尔运算之前，需要确保模型的法线方向是正确的。如果法线方向相反，会导致模型消失。解决方法是使用"反向法线"命令来调整法线方向，然后再进行布尔运算。

对于复杂的模型，布尔运算可能会占用大量内存，导致运算失败。解决方法是尽量减小参与布尔运算的范围，或者提高计算机内存配置。

此外，在使用较早版本的 Maya 时还需要注意选择布尔运算的顺序。在执行差集运算时，先选择的模型将会被保留下来，而后选择的模型将会被减去。因此，在执行布尔运算之前，需要仔细考虑选择模型的顺序。

第四节　多边形怎样布线

被称之为多边形的建模方式准确来说是以四边形为主的，三角形（三边形）尽量不使用，在不得不用的时候才会使用三角形。而五边形及以上的多边形是要避免使用的。我们为什么会喜欢四边形？首先它的计算方式很快，另外还具有很好的规则性和可变性，使我们非常容易控制布线方向。下面我将对多边形的布线问题展开几点分析：

首先是布线数量。布线的数量与计算机所耗费的资源是成正比的，较高的模型段数意味着模型更加细腻和复杂，需要更多的计算机资源来处理。而动画中的场景对计算机资源的需求是无限大的，这就要求场景中每一个多边形模型都要优化到最少段数。有时候会为了降低不必要的负载，对远处的物体采用更低细分数的模型来替代。

其次是布线方式。多边形布线一般要按照结构走向去布线，这样结构发生变化的时候，布线会符合结构变化的形态，也就让形体结构的变化看起来更合理、更准确。尤其在人物结构中，包括人物的肌肉走向、骨架特点、关节比例等。结构决定了模型的基本形状和运动方式，对于动画制作和游戏设计等应用非常重要。合理的结构设计可以使模型更加稳定，易于动画制作和运动控制，同时还可以提高模型的灵活性和可维护性。

最后是多边形的处理方式。见图 2-9。模型中出现一个三角面，这样的情况应如何处理。

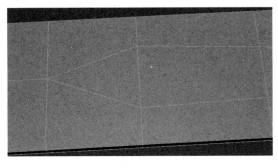

图 2-9

方法一：在三角面的左侧边切割一条线，即可让三角面变成四边面。这样做是最简单的一种方法，缺点是模型左侧的布线变得较多，需要对左侧均匀化布线。如图 2-10 和图 2-11 所示。

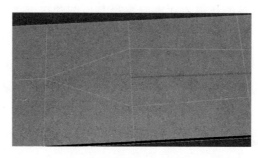

图 2-10

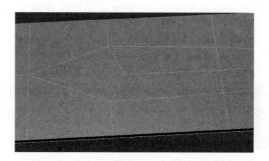

图 2-11

　　方法二：在三角形的三条边上均切割一条边，并让三条面向三角形内部延伸并形成一个交点。如图 2-12 所示。这样原三角面被切割成三个小的四边面。

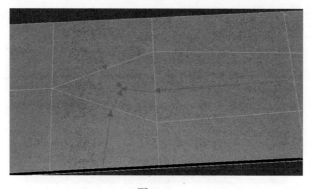

图 2-12

对于角色模型来说，布线就有着更为严格的要求。面部布线通常要求符合面部肌肉走向。比如嘴部的布线一般与口轮匝肌保持一致，眼部的布线与眼轮匝肌保持一致。这两个重要部位分别要保持自己的布线规律，那么在五官的衔接位置就难以用常规的四边面去衔接，为了解决这个问题，在多边形的角色建模中也允许使用一定量的五边汇点去解决各部分的衔接。

　　在角色建模中关节的布线也是一个重要的方面，关节位置是模型需要转折的位置，也就意味着此处的布线数量需要适当增加，如果关节位置周围的布线数量不够，那么会直接导致关节运动无法实现或出现较大的异常变形情况。如图 2-13 和图 2-14 所示。图 2-13 由于保持了较为合理的布线，就没有出现图 2-14 中的变形情况。

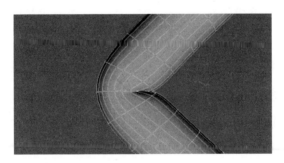

图 2-13

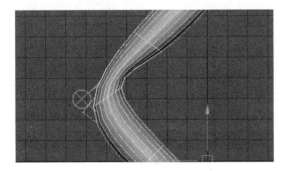

图 2-14

　　在动画模型的制作中，以上两种方法都是较为常用的方法，至于应该采用哪种方式，则需要根据模型特点及其自身需求来判断。在动画案例中，也并不是所有的三角面都需要处理成四边面，比如耳朵内部和侧面的位置，即使出现三角面也不会影响造型和修改。而角色的面部等比较容易看到的位置，也是形成表情的位置，则应该尽量把三角面处理掉。

第五节　多边形倒角技巧

多边形倒角（Bevel）是指在多边形模型上应用倒角命令，将多边形的角进行倒角或圆角处理，使其变得平滑或圆润。在现实中倒角的作用是保护人类免受其伤害，产品如果没有倒角，人们很可能就被其锐角割伤。在三维动画和建模中，多边形倒角也就成为一种必要的操作，没有倒角的模型由于脱离现实情况而导致模型看来感觉奇怪，另外，没有倒角的模型在反光、高光等质感的表现上也会产生一些异常现象。

倒角首先应用的对象是模型的边，尤其以角边最为常见，如图 2-15 所示。倒角功能一般也支持分段数的增加，一般来说分段数的增加与倒角的光滑度成正比，我们习惯上把比较光滑的倒角称之为圆角，所以倒角和圆角的区别也可以理解为倒角分段数的不同。

图 2-15

倒角还可以应用于顶点形成切角效果；倒角应用于面的时候则会让面的四条边生成倒角，倒角面同样可调整分段数、偏移、深度等参数。以下为倒角相关参数及作用：

通过使用"通道面板"或"属性编辑器"（Attribute Editor）编辑"polyBevel"节点上的倒角属性，可以对倒角进行其他调整和改变。

- 作为分数偏移（Offset As Fraction）

  启用时（数值输入 0 为禁用，数值输入 1 为启用），倒角宽度将不会大于最短边。该选项起到限制倒角的大小的作用，防止倒角出现异常情况。

- 世界空间（World Space）

  当扩展物体执行了倒角命令并且启用了"世界空间"（World Space）时，偏移将忽略缩放并使用以世界轴为基础的空间值。

- 偏移值（Offset）

  指定倒角的偏移值大小：原始边与偏移面中心之间的距离。"偏移"（Offset）值范围限制在 0 和 5 之间，大于 5 将无法输入。默认值为0.20。"偏移"（Offset）仅在启用"世界空间"（World Space）时可用。

- 分数（Fraction）

  可理解为倒角的大小，既两条最远边之间的距离。"分数"（Fraction）值范围限制在 0 和 1 之间。默认值为 0.50。分数值可大于 1，但一般会引起其他问题，一般不推荐分数值过高。"分数"（Fraction）仅在启用"作为分数偏移"（Offset As Fraction）时可用。

注：如果使用"分数"（Fraction）属性，则在场景中更改工作单位时，倒角结果将不受影响。

- 分段（Segments）

  "分段"（Segments）值是沿倒角多边形的边创建的分段数量。滑动鼠标中键或输入值可更改分段的数量。默认值为 1。

- 平滑角度（Smoothing Angle）

  使用该选项可以指定新生成的边作为硬边还是软边存在。

  如果希望倒角边以软边方式出现，可将"平滑角度"（Smoothing Angle）参数值设置为较大的值（180）。如果希望倒角边是硬边，请将"平滑角度"（Smoothing Angle）的参数值设置为较小的值（0）。

- 自动适配（Auto Fit）

当该选项被启用时，Maya 会自动确定倒角效果与模型的适应程度。

- 圆度（Roundness）

默认情况下，Maya 会主动调整模型的几何体倒角。如果选择"自动适配倒角到对象"（Automatically fit bevel to object），该选项将会被减弱。如果未选中"自动适配倒角到对象"（Automatically fit bevel to object），可通过"圆度"（Roundness）滑块或输入值来圆化倒角边。可以将"圆度"（Roundness）设置为负数来创建向内的倒角。

- 平面投影（Planar project per face）

会使用平面投影来投影每个原始面，以生成合并从倒角产生的新面的UV。作为一个结果，可能会修改原始 UV 坐标的边界。

- 保持原始边界（Preserve original boundaries）

系统会将 UV 合并到 UV 贴图中，该 UV 贴图会保持在倒角之前存在的 UV 边界。为获得最佳结果，应使用一个偶数值作为"分段"（Segments）的数量。

- 细分 N 边形（Subdivide Ngons）

控制 N 变形的倒角的结果，细分同时包含大量边线的任意面。默认情况下该选项是打开的，且可以在"通道盒"（Channel Box）内交替地控制该选项。

- 斜接角度（Mitering Angle）

涉及某个相交的非倒角边时，控制两个倒角边的接合情况。通过在需要时设置"斜接角度"（Mitering Angle）值，可以指定是否要对最近倒角边进行斜接。

如果两个倒角边之间的角度大于指定的斜接角度，那么倒角边将不会进行斜接。默认情况下会启用"斜接角度"（Mitering Angle）功能，并将其设定为 180 度。

- 角度容差（Angle Tolerance）

  以倒角的使用角度来决定它是否需要插入附加边。如果模型仍包含不需要的边，可尝试增大该值，将这些边移除。

- 合并顶点（Merge Vertices）

  这是一种自动合并选项，默认情况是启用的，而不必单独使用"合并顶点"（Merge Vertices）功能。重合边及其关联的 UV 也会自动进行合并（在指定阈值内）。默认情况下会启用"合并顶点"（Merge Vertices）属性，且可以在"通道面板"（Channel Box）内交替地编辑这些属性。

- 合并容差（Merge Tolerance）

  启用了"合并顶点"（Merge Vertices）时，"合并容差"（Merge Tolerance）值指定顶点必须相距到一定范围才能合并。

第六节　挤出命令的方法与技巧

挤出命令（Extrude）是 Maya 最常用的多边形命令之一。它可以在原有模型的基础上产生新的分段，通过一系列的参数选项可调整新产生分段的大小和距离以及旋转角度。多边形建模是一个从无到有的造型过程，而挤出命令的本质也是从无到有，所以它的使用一般是增加新的造型基础模型，以方便后续的深入编辑。

挤出命令同样适用于点、边、面三种模式。有厚度的模型一般用面的方式挤出，无厚度的模型可用边和面两种方式挤出。挤出的时候一般不向模型自身方向挤，一旦发现模型出现花屏的问题，说明挤出方向是不对的。默认情况下，Maya 会沿着元素的法线方向挤出，法线方向也是挤出的 Z 方向，无论向哪个方向挤出，挤出的方向都标识为 Z 轴向，这一轴向不与世界坐标系的 Z 轴保持一致。

注：执行挤出命令后，Maya 默认不会对挤出的元素产生距离，所以此时如果没有手动拉出新产生的面，那么新产生的面就会与原模型处于同一位

置。这就是重面问题。大多数的重面问题与挤出的不合理操作有关。

- 挤出分段（Divisions）：挤出分段是指挤出后新产生的模型所具有的段数，段数的多少决定了下一步造型的基础。段数越多可塑造空间也就越大，段数应与目标造型的精度保持一致，过多的段数对于模型的编辑也是一种负担。

- 偏移（offset）：偏移是指挤出后的模型的尺寸。在面的模式下，负数数值表示更大的面积，正数数值表示更小的面积。当数值为 0 时，挤出的面与原始面的大小保持一致。

- 厚度：也可理解为挤出高度或深度。数值越大，距离也就越大。

- 局部平移：此项有三个参数，分别对应位移空间的 X、Y、Z 三个轴向。而 Z 轴则与厚度参数效果相似，都控制着 Z 轴的距离。

- 局部旋转：此项参数也拥有三个轴向的数据，分别控制着相应轴向的旋转方向。一般情况下在挤出模型以后，也可以通过旋转轴直接旋转模型以实现自己想要的效果。

- 局部比例：局部比例的效果与偏移效果比较相似，但是局部比例同样拥有三个轴向的参数，也就意味着可以在任意两个轴向下进行模型的缩放，而偏移数值则是三个轴向同时缩放，不具备单独可调性。

- 平滑角度：用来控制挤出的几何体的边是软边还是硬边效果。如果希望挤出的边看起来是软的，请将"平滑角度"（Smoothing Angle）设置为较大的值（例如，180）。如果希望挤出的边看起来是硬的，请将"平滑角度"（Smoothing Angle）设置为较小的值（例如，0）。多数情况下，挤出命令不需要配合相应的软硬边使用，所以挤出的面和边保持默认平滑角度为 30 即可。

- 曲线（Curve）（面和边）

  将该设置配置为"选定"（Selected）（默认）或"已生成"（Generated）时，请将场景中的选定曲线用作路径挤出多边形。如果选择"选定"（Selected）或"已生成"（Generated），那么挤出的多边形可以沿路径曲线进行扭曲和锥化。

如果选择"选定"（Selected），则必须创建一条曲线，并将它与所需的位置对齐。如果选择"已生成"（Generated），则将创建曲线，并会将曲线与组件法线的平均值对齐。

- 锥化（Taper）（面和边）

  在挤出的多边形沿着曲线移动时缩放它们。仅当沿着曲线挤出时，"扭曲"（Twist）才可用。若要精确地控制锥化，请在"属性编辑器"（Attribute Editor）中打开"锥化曲线"（Taper Curve）区域，并使用图表控制来设置沿曲线长度的缩放。

当选择多个面同时执行挤出命令时，还会涉及"保持面的连续性"这一属性。默认情况下，这个选项是启用的。挤出的面保持为一个整体。如果把该选项调为禁用，那么挤出的面仍然显示为一个整体，但是当偏移值向正数发生变化时，每一个挤出的面都将形成独立的个体。如图 2-16 所示。

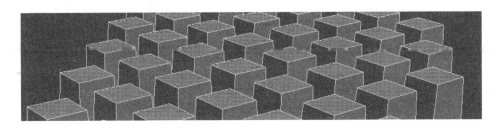

图 2-16

挤出面功能还可以沿路径挤出，它与普通的挤出方法不同的是，需要增加一条曲线作为挤出的路径。执行挤出命令之前要加选该路径，即可完成路径挤出。但是此时挤出效果不会随路径弯曲，是由于分段数不够导致。适当调高分段数，即可看到挤出的模型已经随路径的形状产生变化。沿路径挤出同样支持禁用保持面的连续性这一功能。同时，曲线设置面板中还提供了锥化和扭曲操作，该方法适合挤出很多形态相近的造型。

Maya 同时还支持按住 Shift 直接拖动挤出，这是一个非常方便的操作。

这样一个操作也带来相应的问题，由于 Shift 同时也是加选的快捷键，有时候只是为了加选却不小心导致了挤出结果，并且这样的挤出一般没有产生实际距离，在经过一段时间的编辑之后才发现模型已经重面。所以，解决重面问题需要去掌握挤出命令同步进行。Maya 提供了一个"清理"命令用以解决相应的问题，通过使用此功能，可以对指定的多边形自动移除与设置选项不匹配的多边形。

清理选项包含：清理效果、通过细分修正和移除几何体三个部分。

清理效果包含操作和范围两个选项。在操作部分可以选择清理匹配多边形和选择匹配多边形，选择清理匹配多边形时，软件会自动在大于四边面的位置给模型进行三角化切割，而选用选择匹配多边形时则会高亮显示存在问题的面，也就是说该功能只显示问题而不修正问题。想要修正问题，应该选用第一项的清理匹配多边形。清理匹配多边形一般配合零长度边使用，这个问题会在下面的移除几何体选项详细讲解。在范围选项下又分为应用于选定对象和应用于所有多边形对象两个选项，一般情况下是先发现某个模型有问题，然后决定去处理这个问题，所以要使用选择匹配多边形选项。

通过细分修正包含：四边面、变数大于四的面、凹面及非平面的面几个选项。

这些选项一般搭配"选择匹配多边形"选项使用，用于检查模型存在的相关问题。

- 四边面：勾选此选项，应用后可高亮显示对象的所有四边面，当出现没有高亮显示的面即可判断为类型不一致的面。
- 变数大于四的面：勾选此选项，应用后可高亮显示所有大于四边形的面，也是排查"问题面"的一种方法。
- 凹面：勾选此选项，应用后可高亮显示所有不在同一平面位置上的面。用于检查模型的规则度，对凹面和凸面都起作用。

在移除几何体的选项下还有一个非常实用的功能——清除零长度边。该功能的主要目的就是解决重面的问题。零长度边一般配合长度容差值使用，默认数值为 0.000 01，意思为低于该数值的面会被移除。有时候挤出的面会产生轻微的位移，执行该命令后没有修复问题，一般就是因为挤出面的实际距离大于该值，此时可把此数值略微调高，再次执行清理操作即可完成重面清理。

第七节　连接与桥接

一、连接工具

在 Maya 中连接功能出现在两个位置，第一个出现在编辑网格功能下，第二个出现在网格工具下。前者功能相对单一，选择两条边即可执行之间的连接。后者的连接功能相对丰富，不仅可以控制连接数量，还可以在工具结束前进行其他走向的连接。搭配 G 键使用，可以无限重复此操作。同时，连接的段数也可以通过鼠标的中键去调整。

连接工具应用于点：选择模型上的两个或多个顶点执行连接命令，即可显示连接路径，此时还可以更改连接的顶点，直到按下 Q 键确认连接完成。如图 2-17 所示。

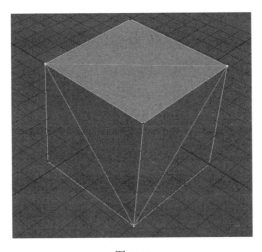

图 2-17

连接工具应用于边：选择模型上的两个或多个边执行连接命令。即可完成边的连线操作。按住鼠标的中键左右滑动，可增加或减少连线的数量。同时，在连接选项面板里，可以选择滑动选项，此时再按住鼠标中键左右滑动，即可调整连线的相对位置。选择滑动面板里的收缩选项也同样会让连线之间产生间隔距离的差别。如图 2-18 所示。

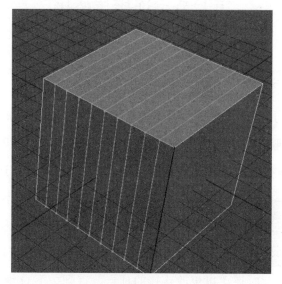

图 2-18

二、桥接工具

　　桥接工具是把断开的模型给连接到一起的工具，如头部和躯干的连接、手和胳膊的连接等。因而它也是一个常用的工具。桥接的前提是参与活动的两个主体必须为同一个多边形体，或者是将两个不同的多边形结合为同一个多边形才能执行桥接操作。

　　如图 2-19 和图 2-20 所示。两个立方体对象，经过结合命令后形成一个全新的立方体，在大纲视图中显示为 pCube3 的多边形物体就是结合后的新物体，而原来两个多边形物体已经变成两个空组，不再有多边形物体内容和属性。

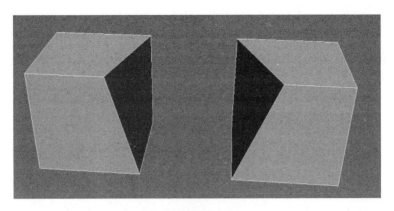

图 2-19

图 2-20

新生成的多边形物体既可以进行面的桥接，也可以进行边和点的桥接，而在图 2-19 的两个几何体中，更适合面的桥接，每个面上有四条边和四个点，执行面的操作只需要一次桥接即可连接两个主体，而执行边或点的操作都要更多的操作才可以完成。

在执行桥接操作之后，会弹出桥接内容属性，其中包含分段、锥化、扭曲、曲线类型等重要属性。

- 分段：控制桥接后新生成多边形的段数，默认值为 0，增加为 1 的时候，模型中间会形成一条边把模型分割为两段。

- 锥化：控制桥接后新形成的多边形的截面大小。此参数要配合曲线类型使用，曲线类型只有在融合的条件下才能够产生锥化效果。

- 扭曲：控制桥接后几何体的旋转形态。分段数需要达到一定数量才会呈现扭曲效果，扭曲的精度与分段数正相关。

如图 2-21 所示。中间新生成的模型已经具有了分段、锥化、融合、扭曲四个属性。

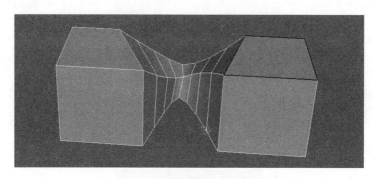

图 2-21

另外，Maya 还可以在自动寻找多边形的两条边缘边界，如果符合桥接要求，只需要点击桥接，Maya 会自动桥接拥有两条边界的一组多边形。

在桥接的创建选项面板里，还提供了一个平滑路径的选项，平滑路径适合用于产生曲率效果的模型，如拱桥、弯曲的路面等。要产生平滑效果还需要对桥接的分段数进行适当的提高。在平滑路径下也可以设置锥化和扭曲效果。在平滑路径下还有一个曲线平滑路径功能，该功能可在生成的多边形内部同时生成一段曲线，通过线框显示模式可以看到曲线，通过调整曲线可以更改对象的造型效果，也是一个非常实用的桥接方式。

第八节　目标焊接与合并

一、目标焊接

目标焊接可用于边和顶点两个元素，它适合于多边形内部的点或边之间的焊接。在执行该命令前，需要先选择某个元素模式，然后拖动相应的元素靠近另一个元素就会形成焊接。在目标焊接的选项中提供了目标和中心两个选项，目标选项会让先选择的点合并到目标点上，而目标点位置不变；中心选项则是会在两个点计算出一个中心位置，两个点的位置同时会发生改变。

二、合并

合并命令既适用于点和边，也适用于面的合并。合并其实更适合对称模型的连接。当模型位于坐标轴两端的对称位置，仅需要点击一下合并，Maya就会把两部分连接起来。合并功能在其面板下提供了一个合并阈值，阈值用于控制合并的距离，当距离大于合并的阈值，合并功能无法生效，此时只需要适当提升合并阈值即可。

在进行对称物体的合并时，需要两端的顶点保持在同一轴向位置内，顶点位置差异过大会影响合并的效果，可通过缩放顶点的方式把所有顶点挤压到同一平面位置上。

第九节　多切割与插入循环边

一、多切割

在 Maya 中多切割是一个非常丰富的加线工具。

- 划线式切割：按住鼠标的左键，让鼠标的指针经过模型的两端，即可在模型上切割出一条直线，可以用该方法重复添加边线。需要画出水平线的时候，可切换到相应的平面视图，按住 Shift 键即可画出水平或垂直直线。该方法适合增加物体的分段以利于模型的进一步编辑，不太适合要求较为精准的中间线的添加。

- 点击式切割：在模型上的任意一条边上点击鼠标左键，即可添加一个顶点，再在其他相邻的边线上继续点击鼠标，则会生成一条新的边线，同时还会显示边线的顶点位置占整条变形的百分比，此时按住 Shift 键，则会显示整数位置，这种显示和定位方式非常适合精确的造型需求。如图 2-22 所示。

图 2-22

- 循环边式切割：此方法类似插入循环边命令效果，按住 Ctrl 键，鼠标就会在所在位置显示一条循环边，此时只需要点击鼠标即可确定边线的位置。

Maya 中的"多切割"选项：

- 捕捉步长：指定在定义切割点时使用的捕捉增量。默认值为 25%。
- 平滑角度：指定完成操作后显为自动软化或硬化插入的边。如果将"平滑角度"值（Smoothing Angle）设置为 180（默认值），则插入的边以软边方式显示。如果将"平滑角度"（Smoothing Angle）设置为 0，则插入的边以硬边方式显示。
- 边流：启用该选项后，新边会产生依附于周围网格的曲率。
- 细分（Subdivisions）数：已创建的新边线上出现的细分数目。顶点将按照细分数量等分线段，以创建细分。在预览模式中，这些顶点是黑色的（见图 2-22），从而帮助您区分切割点和细分。

二、插入循环边

插入循环边操作要与已有边线相交才能生成新的边线，当插入循环边命令执行后，鼠标与垂线相交就会生成新的水平线；鼠标与水平线相交则会生成新的垂线。这是一种非常适合手动对模型进行细分的工具，也是最常用的建模工具之一。

- 与边的相对距离：当"保持位置"选项（Maintain position）设定为"与边的相对距离"（Relative distance from edge）时，会基于已经选定边上的百分比距离，沿着选定边放置点插入边线预览线。如果单击选定边并将其拖动到沿选定边线约一半距离的位置，则边线的预览线将会显示在其他所有沿选定环形边的所有其他边线的中间位置。如图 2-23 所示。

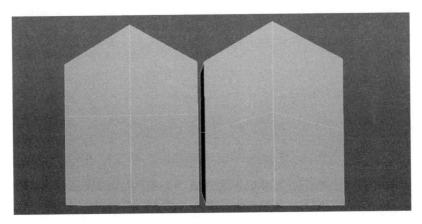

图 2-23

● 与边的相等距离：当"保持位置"（Maintain position）设定为"与边的相等距离"（Equal distance from edge）时，Maya 将沿着选定边按照以上的方法基于单击第一条边的绝对位置的距离插入新的预览线。在实际操作中会有边长差距较大的情况，此时该工具会以最短的边来确定所要插入的线的位置。如果希望从现有边的某个特定位置插入新的边线，则推荐使用这一选项。

注：预览线可移动的距离受相关环形边上最短边的长度限制。如果预览线快速捕捉到某一条边，那么它可能是环形边中较短的边，即限制放置的边。

● 插入多个循环边选项
此项参数，沿选定边插入多个等距循环边。无法手动重新定位多个循环边。启用"多个循环边"（Multiple edge loops）时，保持位置设置不可用。

注：选择"多个循环边"（Multiple edge loops）选项时，附加属性将在"polySplitRing 节点"（polySplitRing node）上变得可用，用来修改循环边的 3D 轮廓。有关详细信息，请参见下文的"修改循环边的 3D 轮廓"部分。

- 循环数（Number of loops）：需要插入多个循环边时的设置。默认设置为 2。"循环数"（Number of loops）设定为 1 时，作用与插入单个循环边相似，只在边之间的中间点位置插入一条循环边。无论插入几条循环边，都会对选定的边进行等分插入。

注：插入循环边的最大输入数值为 1000。

- 自动完成：勾选"自动完成"（Auto complete）这一选项时，插入循环边之后只要再进行其他操作（如继续插入或 Q 键结束）就会完成插入循环边操作。当取消勾选"自动完成"（Auto complete）时，只有在按下 Enter 键时才会完成操作，也可以在某一条边上标记相应的插入点，然后再在对应的表上再次插入点，回车之后就得到了循环边连接。因此，以部分环形边为目的或希望在多方向环形边路径上实现循环边时，禁用"自动完成"（Auto complete）非常有用。

注：取消"自动完成"（Auto complete）这一功能时，可以双击鼠标左键以选择整个多边形网格的整条环形边，然后放置插入边预览线。否则，在使用"自动完成"（Auto complete）的情况下双击某条边，会立即在某个不确定的位置插入边。

- 固定的四边形：勾选"固定的四边形"（Fix Quads）选项时，会对所执行的三角面或五边面有关的边线进行自动分割。当需要保持网格的四边形完整性非常重要时，需要勾选该项设置。默认设置为"禁用"。

- 使用边流插入：当需要插入的边与周围的边面保持一定的曲率的时候可以激活该选项。默认情况下这一选项是没有勾选的，大多数情况下，所插入的循环边基本可以满足要求，只有在对模型细节要求较高的情况下才会尝试使用该选项。

若要使用边流功能快速插入循环边，请暂时激活"使用边流插入"，方法是按住 Shift 键并单击要沿网格插入一组新边处的边。另外此功能不支持多个循环边。当勾选"多个循环边"（Multiple edge loops）时，"使用边流插入"功能将被自动禁止。

- 调整边流：如需对边流的造型做出调整，需要在插入边之前，输入数值或调整滑块以更改边的形状。将"调整边流"（Adjust Edge Flow）数值设置为 1 时，新插入的边将更大程度上符合周围边线的曲率。当数值设置为 0 时，这些边将移动到附近其他边的中间，更接近平面效果。而在布线比较密集的模型中，这种功能带来的效果可能不易被察觉。

- 平滑角度：平滑角度是插入循环边后的一种软硬边显示选项。"平滑角度"选项（Smoothing Angle）设定为数值为 180（默认）时，插入的边将显示为软边。"平滑角度"选项（Smoothing Angle）设定数值为 0 时，插入的边将显示为硬边效果。大多数情况下，不会对新插入的边另做单独的软硬设置，而会对模型的整体做软硬处理。

第十节　附加多边形与填充洞

一、附加多边形工具（Append to Polygon Tool Options）

附加多边形是 Maya 的补面工具，当模型上有缺失的面，则可以使用这个工具。另外，针对某些对象的建模方法也会频繁使用到附加多边形工具。例如在耳朵建模的时候，很多制作者为了确定耳朵的外轮廓造型，会按照由外及内的方法建模，这样中心位置就会留下很多空缺的面需要使用此类工具补上。

执行补面工具后，鼠标的指针会变成十字造型，只需要将十字交点对准其中一条边，Maya 就会自动捕捉到其他边并用玫红色的图形进行标识出来。如图 2-24 所示。此时，只需要再次点击刚刚所点击的边的对边就可以产生新的面，此时补过的面会呈现粉红色，点击回车键即可完成补面操作。需要注意的是，此项操作对鼠标的精确度要求较高，如果没有点击到边线上，有可能就会造成错误的结果。附加多边形也适用于三角形的补面操作。

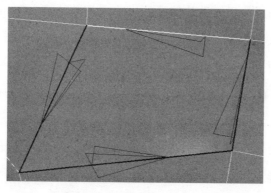

图 2-24

- 旋转角度选项（Rotation Angle）

    新创建的面绕选定的第一个边旋转。如果所有边线都可以设定在一个轴线上，则面会围绕该轴线进行旋转。如果所选择的边没有进行对齐，则面不会绕该边线进行旋转。

- 保持新面为平面选项（Keep new faces planar）

    一般情况下，使用"附加到多边形工具"（Append to Polygon tool）形成的新面会与附加到的多边形的原始网格处于同一平面。如果要在其他平面中附加多边形，需要禁用"保持新面为平面"（Keep new faces planar）选项。当启用或禁用"保持新面为平面"选项（Keep new faces planar）时，软件也会在创建多边形工具选项（Create Polygon Tool Option）下启用或禁用相同的设置。值得特别注意的是，当退出 Maya 软件时，该设置将保存到首选项文件。它将以此次保存的设置作为之后的默认创建选项，直到你为它做出新的设置。

- 限制点数选项（Limit the number of points）

当启用"将点数限制为"这一选项。设置"将点数限制为"选项中指定的点数后，多边形将被软件关闭，可以在视图中通过鼠标单击来新建多边形，而无需重新选择该工具。

- 将点数限制为选项（Limit points to）

设置附加多边形命令所需要的顶点数量。它的默认值为 4，表示软件会创建四边形。如果设定数值为 3，那么软件将创建三边形（三角形）。

- 纹理空间（Texture space）

用来设置以何种方式为附加的多边形创建 UV 纹理坐标。有下列三种方式：选项"无"（None）、选项"归一化"（Normalize）和选项"单位化"（Unitize）。

- 归一化选项（Normalize）

如果选择了"归一化"选项（Normalize），它的纹理坐标将会被缩放，以适应数值为 0 到 1 的 UV 纹理空间范围，同时 UV 面的原始状态会保持不变。

- 单位化（Unitize）

如果选择了"单位化"选项（Unitize），纹理坐标的值将被限定在范围为 0 到 1 的纹理空间的角和边界处。包含 3 个点的多边形会有一个三角形 UV 的纹理贴图（各个边的长度相等），而包含 3 个点以上的多边形物体将有一个方形 UV 纹理贴图。

二、填充洞

填充洞功能可以在模型上自动创建三边或多边面来填充多边形网格上的开放区域。模型的开放区域必须被闭合边界边所包围。由于跨软件作业时导致新导入的模型上产生了一些不必要的洞，或者由于修改和导入多边形对象时因某种意外的情况导致了模型的损坏，"填充洞"（Fill Hole）功能将非常有用。

当有多个面缺失的时候，只需要选择洞上的某一条边，再执行填充洞命令即可完成补洞操作。但补洞功能只补面而不连线，所以还需要制作者使用多切割工具进行手动连线操作。因为这样的多边形在三维动画的流程中一般是不被允许的。如图 2-25 所示。

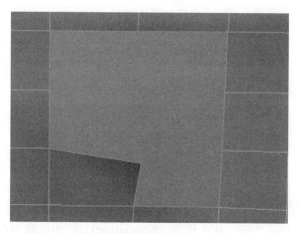

图 2-25

实际上，图 2-25 中的案例也可以用桥接命令补洞，而此时虽然执行的桥接命令，但它仍然是一种填充洞的操作。

第十一节　非线性变形器的使用方法

非线性变形器是 Maya 的一类变形器工具的总称，其中包含弯曲、扩张、正弦、挤压、扭曲、波浪六大功能的变形器，在 Maya 的建模中，这些变形器会对模型的修改和创建起到非常重要的辅助作用。

一、弯曲变形器

创建弯曲变形器前要评估模型的造型与变形器的方向相适应，该变形器允许先创建参数选项，然后再创建变形器，也可以使用默认创建选项立即创建变形器进而在通道面板中再次修改。如果不确定选项与实际产生效果的关系，可先用简单几何体进行弯曲测试。所创建的几何体必须具有两段以上的分段，无分段的几何体不会产生任何弯曲变化。

弯曲变形器创建的轴向总是以 Y 轴的方式出现，也就是说所要弯曲的对象如果是呈横向特点，则需要更改弯曲控制器的旋转轴，在视图大纲中以 bendHandle 命名的控制器就是弯曲变形器。选择弯曲变形器，通过旋转轴可把轴向调成与弯曲对象相一致的方向。此时即可对弯曲对象施加弯曲选项。在弯曲控制节点下，曲率属性控制弯曲的程度，默认参数为 0，最高曲率值为 180，最低曲率值为 −180。上限和下限分别控制弯曲两端的影响范围，上限的最大值为 10，最小值为 0；下限的最小值为 −10，最大值为 0。当上限和下限值都为 0 的时候，曲率无论多少都不起作用；当曲率值为 0 时，上限和下限的数值也都不产生作用。当曲率为最大值的 180，上限为 10，下限为 −10 时，被影响的物体会形成弯曲闭环效果，在分段数足够的情况下，被影响物体会变成一个圆环形。所以，大多数的长条形对象都可以利用弯曲工具调整成环形状态。当弯曲变形器调整成闭环状态时，还支持通过对象物体的细分选项继续调整对象的闭环状态。以下就是不同细分数下同一弯曲值内的不同弯曲效果。它们对应的细分宽度分别为 3、4、5、6、20。如图 2-26 所示。

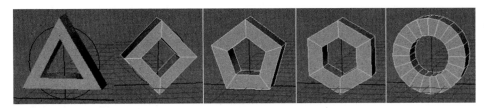

图 2-26

弯曲变形器还支持对多个对象同时施加影响。如图 2-27 所示。通过调整另两个旋转轴还可以对物体施加扭曲效果。如图 2-28 所示。

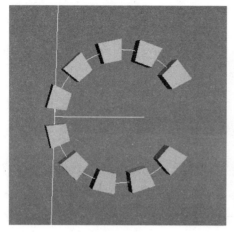

图 2-27

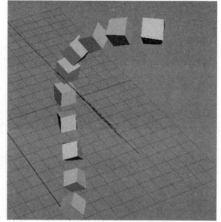

图 2-28

二、扩张变形器

扩张变形器主要用于改变对象的体积效果，它主要由上下两个圆形控制器和中间一根直线控制器组成。其中底部圆形控制器由参数选项内的"开始扩张 X"和"开始扩张 Z"组成，也就意味着圆形控制器只在平面坐标内对物体进行扩张操作。单轴向的扩展值的改变会导致单一方向的物体拉伸。顶部的圆形控制器由选项内的"结束扩张 X"和"结束扩张 Z"组成，它的变形原理跟"开始扩张"选项保持一致。同时选择"扩张 X"和"扩张 Z"选项会确保对象等比例缩放。曲线属性用于控制中间位置的扩张效果，曲线属性另外支持向负数调整，也就意味着曲线属性不仅可以扩张还可以收缩物体，这一操作需要模型具备两段以上的分段数的支持。这个变形器非常适合花瓶、陶瓷器具，以及玻璃器皿这一类特征的造型（见图 2-29），这要比传统的多边形调整更高效。通过上限和下限选项也可以控制变形器的影响范围。封套值用于调整变形器的影响强度，最小值为 0，最大值为 1。数值越大其变形效果越明显。另外还可通过操作视图的操纵手柄来直接控制变形器工具，激活该模式的快捷键为键盘"T"，这是一种更为直观的操作方式，激活操纵器后，可通过操纵器上的蓝色控制手柄进行扩张或收缩操作。按键盘

"Q"会取消操纵器的显示状态。

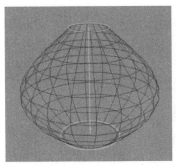

图 2-29

三、正弦变形器

正弦变形器会让所施加对象产生波浪式扭曲效果。在参数选项中主要振幅、波长、偏移、衰减、下限和上限组成。其中振幅主要控制变形的幅度，最小值为 0，最大值为 1。数值越高变形幅度越大。波长用于控制变形的频率，默认值为 2，最大值为 10，最小值为 0，数值越小变形的频率越高，当数值为 10 时，不产生变形效果。该变形器也可以通过后期修改模型的分段数来提高变形的精度。偏移值用于控制变形器的起始位置，该参数主要用于精确定位变形位置。衰减值最小值为 –1，最大值为 1。当数值为 0 时，没有任何衰减效果，当数值为 1 时，中心位置衰减最大，两端几乎无衰减效果。当数值为 –1 时，则中心无衰减，两端衰减最大。"上限"和"下限"控制变形的范围。通过移动多边形的位置，也可以控制变形器的影响范围，移出变形器的一端会完全没有变形效果（见图 2-30）。

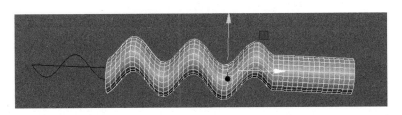

图 2-30

四、挤压变形器

挤压变形器是模型通过施加挤压的影响而产生的变形效果。挤压变形器由一条中轴控制器、一条圆形控制器及上下两个十字控制器组成。参数选项中主要由封套、因子、展开、最大展开位置、开始平滑度、结束平滑度及上限和下限组成。封套控制变形器对模型的影响强度，默认数值为 1，数值越小影响强度也就越小，最小值为 0。因为变形器的变形方式，当因子为负数时，两个十字控制器向变形器的中心靠拢，模型也就受到纵向的挤压效果。因子为正数时，十字控制器向中心逐渐远离，模型本身也就受到了拉伸效果。展开属性负责控制中心距离的横向挤压范围，数值越小挤压的范围越小。最大展开范围选项是把挤压效果限定在某个范围内，其他参数无论怎样调整，都不会超出限定的范围。"开始平滑度"和"结束平滑度"分别控制模型上下两端的模型平滑效果，数值越高，模型越平滑。"上限"和"下限"分别控制模型上下两端的受压范围，当他们的位置发生改变时，变形器之外的模型实际不会发生改变，但由于和变形器之内的模型会形成一个过渡效果，整体形态会产生一个比较柔的过渡效果，而这个过渡效果也是需要掌握这个变形器的主要原因之一。如图 2-31 所示。

图 2-31

五、扭曲变形器

扭曲变形器主要用来实现模型的扭曲效果。变形器由上下两个圆形控制器和一个中轴控制器组成。控制器选项由开始角度和结束角度，以及"上限"和"下限"选项组成。需要注意的是此变形器一般不应用于圆柱体和圆球等比较光滑的模型上。在立方体上执行该变形器，效果会非常明显。该变形器需要较多的分段数支持，通过配合"上限"和"下限"选项的调节，可用于制作螺丝、钻头等扭曲效果。如图 2-32 所示。

图 2-32

六、波浪变形器

波浪变形器主要应用于平面对象的造型。平面对象应具备一定的细分数，细分数过少会影响波浪变形效果。波浪变形器的参数由封套、振幅、波长、偏移、衰减、衰减位置和半径组成。封套控制变形器的强度。振幅属性控制波浪高度，参数可输入正数或负数，用以区别波浪在 Y 轴的方向。波长控制波浪的频率，数值越小，波浪越密集。更密集的波浪需要更多的分段数支持以避免模型不平滑的问题。偏移属性用于控制波浪的起始位置，通过对偏移属性的关键帧操作，可制作动态的水波纹效果。同时偏移属性还可控制波浪的形态，分别输入不同的偏移值，会产生不同的造型效果（见图 2-33）。衰减值用于控制波浪的衰减程度，数值越大，靠近波浪边缘的位置振幅越

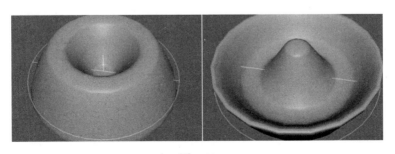

图 2-33

43

小。调整最小半径值可调整中心的影响范围，调整最大半径值可改变外围的影响范围。

第十二节　创建变形器

一、包裹变形

包裹变形是通过场景中的一个模型编辑去影响另一个模型的形态变化，在包裹变形器中，后选择的物体为影响物体，先选择的物体为被影响物体。执行过包裹变形的物体，可通过调整影响物体的点线面来改变被影响物体的造型。这种方式非常适合场景中的地面以及地面上的石头、植物等物体的同时编辑。

包裹影响对象是包裹变形器用来使物体变形的曲面物体或多边形物体。创建包裹影响物体时，Maya 会自动复制影响物体，并将其用作参与变形的基础形状。基础形状和包裹影响物体之间的有关位置、方向以及形状上的差异都会引起被包裹变形器影响的物体变形。包裹变形器也可以对多个物体施加影响。创建包裹变形器后，软件将为每个可变形物体创建包裹变形器节点。

需要注意的是，包裹影响物体本身就是可变形对象。可以使用其他变形器对已有形状施加影响，也可以使用平滑蒙皮或刚性蒙皮对模型做出调整。

二、收缩包裹变形

收缩包裹变形不仅会影响物体的形态，还可以对被影响物体进行空间位置的捕捉。操作方法仍然是先选择被影响的物体，后选影响物体，执行收缩包裹变形命令之后，被影响的物体就会吸附到影响物体上，通过调整属性编辑器的投影方式还可以调整吸附方式，常用的方式为顶点法线。

- 移除目标

想要取消收缩包裹变形器的时候，可选择包裹器或与移除的目标相关联的"收缩包裹"（shrinkwrap）节点。然后选择变形器菜单下的收缩包裹→移除目标（Deform→(Edit) ShrinkWrap→Remove Target）。目标和包裹器之间将不再产生关联，此时再对目标进行更改也不会影响到包裹器。

- 添加新目标

  选择包裹器或"收缩包裹"节点，然后按住 Shift 键加选新的目标物体。选择"变形"菜单下的"收缩包裹"。将在包裹器和新目标之间建立连接，此时对目标所做的更改会影响包裹器。

- 移除内部对象

  选择包裹器或需要移除的内部对象有关联的"收缩包裹"（shrinkwrap）节点。选择变形菜单下的收缩包裹执行移除内部对象操作（Deform→(Edit) ShrinkWrap→Remove Inner Object）。此时内部对象和包裹器之间的连接已经断开，现在对目标所做的任何更改都不会影响包裹器。

- 添加内部对象

  选择"收缩包裹"（shrinkwrap）节点，然后按住 Shift 键并选择内部对象。执行"变形菜单下的收缩包裹-设定内部对象"（Deform→(Edit) ShrinkWrap→Set Inner Object）。此将在包裹器和内部对象之间已经建立了连接，现在对目标所做的任何更改都会影响到包裹器。

三、线变形器

线变形器需要在场景中创建一段曲线，曲线要位于模型的中间位置。该变形器要先执行线变形器命令，然后选择模型并按回车键，再选择曲线按回车键，此时大纲视图中会生成一个新的曲线工具。然而选择该工具无法找到线变形器的参数，该参数隐藏在模型的通道面板中。一般情况下此时调整曲线可能无法产生正常的变形效果，这是因为曲线的衰减距离没有达到要求，适当地增加曲线衰减值会让变形效果得到一个正常的显示。为了得到一个合适的衰减值，可先调曲线控制点的位置，再增加衰减值。

四、张力变形

这是 Maya 中最常用的变形器之一。张力变形一般应用于多边形的部分顶点，需要搭配变形器下的簇变形器使用。先选择模型上的小部分顶点，创建簇变形器，然后再选择更大范围的顶点并创建张力变形器。此时再去拖动簇就会发现张力变形器施加前后的效果不同。如图 2-34 所示。配合使用参数选项的"平滑迭代次数"选项，可以进一步调整平滑效果。

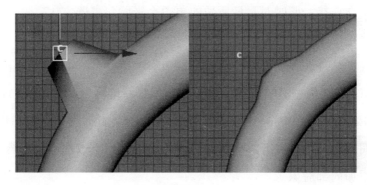

图 2-34

五、纹理变形器

纹理变形器是通过贴图效果作用于模型的顶点变化，因此它需要较高的细分级别。纹理变形器直接作用于对象级别，添加变形器后可在属性面板中找到纹理变形器面板，通过纹理选项的棋盘格图标可为变形器添加贴图。根据不同案例效果可添加不同的贴图。以海洋贴图纹理为例，添加海洋贴图后，属性面板会生成海洋节点面板。在海洋节点参数中分别调整波高的选定值、最小波长和最大波长，即可看到多边形物体已经变成海浪效果。在时间属性上输入"=time"，播放时间滑块就会出现波浪运动效果。

六、雕刻变形器

在多边形物体上应用雕刻变形器会在对象上自动创建一个影响物体（雕

刻变形器会出现在大纲视图中），影响物体自身的变化会导致多边形对象跟随变化。在雕刻变形器的创建选项面板里还可以选择"使用 NURBS 或多边形对象创建对象"（见图 2-35），使用该选项需要先选受影响的物体，再加选变形器物体，执行变形器应用。使用这样的方法可将多边形模型作为变形器使用。

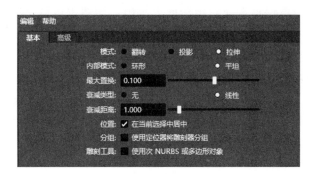

图 2-35

七、抖动变形器

抖动变形器常用于模型上部分顶点的抖动效果。首先可为模型整体添加抖动变形器，此时抖动变形器应用于模型上的所有顶点。然后通过抖动权重绘制工具绘制想要抖动的部分，此时播放动画效果可看到抖动效果已经产生。可配合抖动属性面板的刚度、阻尼、抖动权重等参数调节抖动效果。

抖动变形器要跟随主体动画产生抖动，如果主体没有动画效果则不会产生连贯性的抖动。

第十三节　变换工具系列技巧

Maya 的变换工具一般来说是最先接触到的工具之一，也是编辑模型的基础。这让 Maya 的变换工具看起来是最容易掌握的，实际上，Maya 的变换工具隐藏着很多的选项，这些选项在提高工作效率方面起着不可替代的作用。

一、中键操作坐标

鼠标的中键在 Maya 中可以配合移动、旋转、缩放坐标轴对物体进行相应的操作，而中键的操作与左键是不完全相同的。左键操作坐标轴需要点击相应的坐标才能进行操作，但中键可以在激活某个坐标轴后，把鼠标放置在操作视图中的任意位置都能对坐标产生作用。当然也可以不激活任何坐标，以中键的方式对物体进行全轴向的操作。

二、步长捕捉

在移动坐标轴下双击移动坐标图标会弹出移动工具设置面板，在此面板中有一个步长捕捉的选项，该选项可对移动的数值进行设置，输入相应的数值后，鼠标每一次拖动都会以该数值为步长进行移动。这种设置适合对空间位置有精准需求的项目。需要取消步长操作的时候可以把步长捕捉设置为禁用，也可以点击工具设置面板上的禁用选项。另外，按住"J"键移动鼠标，Maya 也会激活步长捕捉，此时的捕捉步长值为 1。旋转和缩放操作同样支持以上设置方法。

三、精确变换

在动画制作过程中，经常会遇到移动或旋转过多的问题，尤其在一些精密的建模上，可能会出现向前一点过多，向后一点过少的问题。可通过增大参考坐标的方式来解决这类问题，使用"＋"来增大坐标不仅是显示问题，它的坐标越大，位移值就会越小，移动体验上也就越细腻。当不再需要小幅度的精确位移时，可通过"－"快捷键来缩小坐标。

四、找回自身坐标轴

在日常的工作中，时常会出现自身坐标轴（对象坐标）被改变的情况。出现这种情况的原因之一是冻结变换导致，第二是结合等建模命令的使用也会导致自身坐标丢失。而自身坐标系对物体的移动和旋转都起着至关重要的作用。为应对这个问题，Maya 提供了三种解决办法：第一个办法是在旋转之前对物体进行打组操作，然后对组进行空间位置变换，此时再冻结变换物体，就不会导致自身坐标丢失的情况；第二个方法是使用"捕捉到在一起"命令，此命令需要再建一个正常轴向的几何体，执行该命令后需要将两个几何体的三个轴向的面进行一一对应；第三个方法是使用"D"键，按下该快捷键后，坐标轴会处于修改状态，此时点 Ctrl 键会自动把选择的面的坐标方向调整为垂直于面的方向。此时如果重新选择该物体，那自身坐标轴又会回到之前的状态。为了让坐标轴固定在某一个状态下，Maya 又提供了烘焙坐标轴功能，调整好坐标轴朝向后，只需执行一次"烘焙坐标"轴命令即可固定所设置的坐标方向。此时即使再次冻结变换也不会导致坐标轴发生改变。

注：在制作模型的过程中，尽量保持所有创建的物体在世界坐标系的中心位置，不要轻易改变中心位置。当两个物体使用结合命令以后，中心位置可以通过结合的参数面板来预先设置为世界中心。

第十四节　对称与镜像

自然界的很多物体都是以左右对称的形式存在的，如人类、动物、建筑、电子产品等。既然有这么多类型的物体需要对称，那么在动画的制作过程中也一定需要高效的对称操作工具。

一、对称模式

在 Maya 软件提供了一个非常实用的对称模式选项，其中主要有世界对称和对象对称两大类。世界对称以 Maya 的场景世界坐标系为对称标准，对象对称以物体自身为对称标准。一般情况下在做一个独立的物体时，以对象对称为主要选择模式。对象对称模式又可以分为三个轴向的对称。每个轴向的对称是指所在轴的正值与负值相对称。在操作过程中如果因为疏忽导致某部分没有对称，那么对称的准确性就会出现问题。

二、镜像

镜像功能的目的也是对称操作，但是镜像功能着重于做好了一半，再镜像出另一半。习惯上在对称模式失效的情况下或是无法使用对称的时候才会使用镜像功能。

- 镜像设置：切割几何体勾选后，Maya 会把镜像出来的几何体与原几何体进行切割，不保留两个几何体交汇的部分，这也是大多数时候我们需要的操作，所以默认情况下，它是被启用的。镜像的轴向方面 Maya 支持自身坐标系和世界坐标系的镜像操作，同时还支持三个轴向的正方向以及负方向的多方位选择。当禁用切割几何体后，几何体镜像类型就可以进行选择，分别可以选择世界坐标系、自身坐标系和边界盒三种镜像模式，同时支持每种坐标系的三个轴向的正方向和负方向的镜像。世界坐标系始终以 Maya 的视图坐标为镜像标准；自身坐标系以物体自身的轴中心为镜像标准，同时支持通过"D"键修改自身坐标的中心位置来改变镜像的中心点；边界盒方式适合删除一半物体，对剩余的一半进行镜像的操作，它会以边界线为镜像中心。几何体类型上支持复制模式和关联模式，复制模式就是常规使用模式，而关联模式下镜像出来的物体会与原物体保持编辑上的关联，这一点跟对称模式下的操作有共同性。是对称模式失效后的一种很好的替代模式。反转模式则是对原始物体进行翻转，而不保持原始物体的空间位置。
- 合并设置：默认情况下会勾选与原始物体的合并，取消勾选后，镜像出来的物体没有与原物体进行自动焊接，两个物体保持相对的独立。在启用后可以选择三种合并方式：合并边界上的顶点、桥接边界上的边、不合并边界。默认情况下的模式是合并顶点，这也是最常用最稳定的合并模式。

- UV 设置：在镜像物体的时候，如果 UV 已经分好还支持翻转操作，只需要勾选翻转 UV 即可。翻转方向上支持局部 U 向、局部 V 向、世界 U 向和世界 V 向四种翻转方向。

三、手动镜像

手动镜像也是实际制作当中常用的操作方式之一。对原物体进行复制操作，在相应的缩放坐标轴上输入负值即可产生镜像效果。这种镜像方式是以对象自身的坐标系为参考标准的，所以一般需要配合使用更改坐标轴的方式来确定镜像的中心位置。此方法非常适合复制桌腿或椅子腿等具有对称性质的模型。

第十五节　雕刻工具的应用

雕刻工具是 Maya 的一种建模辅助工具，它是基于多边形物体的一种建模方式，多达十几种的雕刻方式为建模工作的修改和调整提供了很多简便的方法。雕刻工具有两种激活方式：第一种在多边形物体上按住 Shift 键并点击鼠标右键，可看到弹出的热盒中显示"雕刻工具"的图标，点击该图标即激活雕刻模式。当雕刻模式激活后，模型的绿色线框会显示为深灰色，以此来区别于多边形编辑模式。在此模式下，再次按住 Shift 键并点击鼠标右键会看到雕刻工具下的多种雕刻方式，如抓取、冻结、上蜡、展平、凸起等多达十几种的雕刻方式。需要注意的是，默认情况下雕刻的笔刷可能大于模型本身，需要在工具设置面板下调整笔刷的尺寸以适应模型的体积，也可以按住"B"键配合按住鼠标的左键并滑动来调整笔刷的尺寸。配合按住 Ctrl 键会反转雕刻的作用力方向。配合按住 Shift 键是平滑操作（见表 2-1）。

表 2-1

雕刻工具名称	主要功能及应用方向
雕刻（Sculpt），抬起曲面	用于建立大的形态，塑造基本形状。或者在已有的基础上添加新的造型，如在头部上雕刻出鼻子 在雕刻工具已经激活的状态下，按下 Ctrl＋1 键可激活"雕刻"（Sculpt）功能
平滑（Smooth），平滑网格的曲面	该功能主要用于顶点的均匀化操作，可让零碎的造型更加趋于整体化 在雕刻工具已经激活的状态下，按 Ctrl＋2 键可激活"平滑"（Smooth）功能
松弛（Relax），平滑网格的曲面而不改变其原始形状	该功能主要用于松弛多边形上的顶点，对原始形状的影响较小。在使用雕刻工具的状态下，按 Ctrl＋Shift 键可暂时激活"松弛"（Relax）工具 在雕刻工具已经激活的状态下，按 Ctrl＋3 键可激活"松弛"（Relax）功能
抓取（Grab），沿曲面的任意方向拉动单个顶点	此功能是修改大型的主要方式之一，通过使用笔刷的尺寸来调整整体比例和造型走向 在雕刻工具已经激活的状态下，按 Ctrl＋4 键可激活"抓取"（Grab）功能
收缩（Pinch）	鼠标所划过的位置的顶点都会向路径的中心靠拢。对于清晰化模型结构有着明显的作用 在雕刻工具已经激活的状态下，按 Ctrl＋5 键可激活"收缩"（Pinch）功能
展平（Flatten）	该功能会让所施加影响的顶点逐渐趋于平滑化，也是雕刻工具常用的功能之一 在雕刻工具已经激活的状态下，按 Ctrl＋6 键可激活"展平"（Flatten）功能
泡沫（Foamy）	该功能和"雕刻"（Sculpt）工具比较相似，相对于雕刻功能来说影响范围更加圆润。比较适合人型的塑造，在细节的塑造方面一般不采用该笔刷 在雕刻工具已经激活的状态下，按 Ctrl＋7 键可激活"泡沫"（Foamy）功能
"喷射"（Spray）	该功能可把图像效果转换为多边形的顶点变化。在喷射工具面板的图章选项可选择其他图像作为图章使用，Maya 提供了丰富的图像库。此功能需要较高细分的模型支持，在细分数较低的模型上可能体现不出图章效果。此功能常用于建立起伏的地貌模型，如山丘、沙漠等 在雕刻工具已经激活的状态下，按 Ctrl＋8 键可激活"喷射"（Spray）功能
重复（Repeat）	根据所使用的图像在多边形上创建造型。需要较高的细分的模型的支持 在雕刻工具已经激活的状态下，按 Ctrl＋9 键可激活"重复"（Repeat）功能
盖印（Imprint）	将图像效果转化为多边形的顶点变化。一般需要降低笔刷的强度

续表

雕刻工具名称	主要功能及应用方向
上蜡（Wax）	用于添加模型效果，向多边形上添加材质或从中移除材质
擦除（Scrape）	用于降低模型的突出化特征，能够将比较凸起的顶点快速展平
填充（Fill）	用于处理凹陷问题，该功能会让凹陷的顶点趋于平面化，一般不会对凸起的顶点做出改变
修剪（Knife）	该功能用于对施加影响的顶点进行弱化处理
涂抹（Smear）	对多边形上的顶点进行相反方向的处理
凸起（Bulge）	对多边形上的顶点施加凸起效果的影响
放大（Amplify）	该功能主要用于强化顶点之间的差异，在特征不明显的多边形造型中，需要搭配合适的笔刷强度
冻结（Freeze）	可选择部分顶点对其进行冻结操作，被冻结的顶点将不会受任何雕刻功能的影响 在雕刻工具已经激活的状态下，按 Ctrl＋0 键可激活"冻结"（Freeze）功能
转化为冻结 （Convert to frozen）	将组件进行冻结处理

第十六节　扫描网格

　　扫描网格是将曲线转化为多边形物体的一个工具。在此功能下，不仅可以将曲线的形态转化为多边形造型，还可以用曲线的控制顶点改变多边形的造型特征。除此以外，它还提供了转化形态的选项和细节调整。这种模型转化技术在三维动画的造型部分应用是非常广泛的，无论是人物角色还是场景道具，使用该功能都会给制作效率带来不小的提高。

　　扫描网格的实现前提需要创建一段 NURBS 曲线，通过选择曲线对象，直接执行扫描网格命令可实现多边形物体的生成。生成的多边形对象可更改为多边形、矩形、弧形和自定义等多种形态。

一、多边形选项

在多边形选项下提供了圆形和星型两种选择方式，两种方式都可以通过改变边的数量而改变多边形的形态。在圆的模式下，随着多边形边的数量的不断提高，多边形会逐渐趋于圆滑效果。而在星型模式下，增加边的数量只会增加角的数量。两种模式下都可以进行封口操作。

在"分布"选项下可对单一模型进行复制处理，激活"分布"选项后，多边形将会被复制并排列在原对象的周边。排列方式有三种可选，其中径向方式会以圆的方式排列，方形方式以平面矩形方式进行排列，线性方式以直线造型进行排列。在实例数选项中，默认为 5 个实例，可通过滑块操作方式最大调整为 10 个，也可以直接通过输入数字的方式得到 10 个以上的实例。当实例数过多的时候，模型之间会产生穿插，为了避免穿插问题，可调整覆盖数值，数值越高，分布距离越大，分布的状态就越趋于分布的原始形状。覆盖参数最大为 1，这意味着，当数值为 1 时，模型之间仍然相互穿插，就只能通过缩放实例参数来调整。

"对齐"选项下可控制模型的对齐位置，激活对齐后可选择水平和垂直两大对齐方式，通过对齐位置的调整可让模型与曲线进行一定的分离，以便于调整曲线的控制顶点。当取消对齐模式后，模型会重新回到曲线的中心位置。

在"变换"选项下，缩放剖面用于控制模型的直径，此选项随着数值的不断提升，不仅会让模型自身的直径得到增加，也会让模型的空间比例得到等比例提升，因此模型之间的间距比例不会发生改变。旋转剖面会让模型整体进行旋转，配合扭曲选项会让模型产生线束发效果，用于制作线缆、麻绳、辫子等造型。锥化参数会让模型的一端整体变细。当需要让模型的任意位置变细时，还可以使用"锥化曲线"选项，在该选项下通过增加控制顶点可随意调整模型的粗细变化，其差值选项也能够让模型的粗细变化表现为线性效果和平滑过渡效果。

在总体"差值"选项下，可控制模型的精度模式，有多种选择模式可选，其中以精度模式最为常用，最高精度值为 100，数值越高模型表现越光滑。

二、矩形选项

在矩形模式下，基本参数包含高度、宽度、角半径、角分段和角深度。宽度和高度控制着模型的大小，角半径、角分段、角深度三个选项协同控制矩形的倒角效果。值得注意的是，即使角分段为 1，也可以通过角半径控制倒角的大小，这样对模型的体积优化有着非常重要的作用，在比较复杂的场景中可以较少地占用内存和显存资源。而角深度必须在角分段数值为 2 以上的时候才能实现有效调节。

在分布、对齐、差值等选项上，其调整参数和效果基本与多边形选项保持一致。

三、自定义选项

在定义模式下，会弹出自定义扫描剖面的面板，其中按类型可以选择曲线、多边形、多边形面和多边形边的方式。以多边形为基础进行选择的时候，目前还不支持过去复杂的多边形。而多边形面和多边形边这两种类型较为常用，在这两种模式下，均支持 Shift 键加选方式，但剖面状态则是以多边形边的方式更为准确。

扫描网格产生的多边形在确定已经不需要修改的情况下，需要删除历史记录，这样会避免在下一次打开文件出现多边形破损的问题。

第三章　曲线和曲面建模

第一节　曲线创建及编辑方法

在三维动画制作过程中，曲线和曲面建模也是一种辅助建模方式之一。曲线和曲面建模统称为 NURBS 建模，NURBS 建模非常适合产品类尤其是流线特征的产品的造型。它可以保持较高的平滑曲率，并且可以转化为多边形物体。NURBS 建模一般不用于生物建模，可用于场景建模，也可以转化为多边形物体。在很多方面，NURBS 建模拥有着更快捷的实现方法和更简单的修改方式。掌握好 NURBS 建模对于解决三维动画中的造型问题有着积极的作用。

在 Maya 中曲线的创建方法可分为预设、EP 曲线工具和铅笔曲线工具等方法。预设曲线常用的只有圆环曲线一项，适合于圆形造型特征的模型创建。EP 曲线创建工具是一种比较精确的曲线创建方式，它以创建点的形式生成曲线，两个顶点之间会自动创建一段曲线，当创建第三个及以上的顶点的时候，通过拖动鼠标的位置可创建具有曲率的曲线。铅笔工具是一种手动的随机化程度较高的创建方式，其绘制出来的曲线的曲率不够统一，比较适合应用于杂乱风格的模型。

无论哪种曲线创建方式都可以通过"重建曲线"命令来重新调整曲线。在"重建曲线"命令的选项中提供了重建类型、参数范围、跨度等选项。其中较为常用的就是跨度数。通过修改跨度数量，可让曲线的控制顶点更多，曲线也会变得更光滑（见表 3-1）。

表 3-1

曲线工具名称	主要功能及使用方法
平滑	让曲线变平滑的一种工具，其平滑因子数决定曲线的平滑度，平滑因子最小为 0，最大为 100。平滑因子数越高，其平滑效果越明显，当数值为 100 时，曲率基本消失
拉直曲线	让弯曲的曲线变直的功能，其最小值为 0，最大值为 2。当平直度为 1 时，曲线会完全变成平直状态，平直度为 2 时，曲线会向相反的方向弯曲
附加	这是一个连接曲线的命令。通过使用该命令可让两端独立的曲线连接在一起。连接方式有"连接"和"融合"两种方式，"连接"方式以最低程度改变曲线的形态为原则，"融合"方式会保持两段曲线连接以后处于相对平滑的状态。连接之后一般不需要保留原始曲线，可取消勾选"保持原始"选项，默认情况下，该选项是开启的
分离	这是一个打断曲线的命令。需要选择曲线上的某一个"曲线点"，然后执行该命令可打断曲线为两段，可同时加选多个"曲线点"把曲线打成多段
打开/关闭	该命令可对开放的曲线进行封闭处理。其选项可选"忽略""保留""融合"三种方式。"保留"方式会尽量保留原有曲线的形态，其他两种方式都会对原曲线的形态做出不同程度的改变
圆角	圆角命令只能用于两端相交的曲线。默认情况下，创建的圆角会独立存在。通过"修剪"选项，可把与圆角无关的部分给裁掉，配合使用"接合"选项，可以让圆角部分和其他部分连接到一起。还可以通过属性面板输入半径值来修改圆角的半径。"融合控制"选项可用来修改圆角的细节
剪切	剪切命令可用于把两段相交的曲线互相打断
延伸	用于延伸曲线的长度。有三种类型可选，线性、圆形、外推。当曲线有弧度时，选圆形方式延伸，软件会以当前弧度为基础以圆形方式延伸曲线；选择外推方式，会自动计算一个曲率以延长曲线；线性方式则会以直线方式延长曲线
插入结	在曲线的任意位置选择"曲线点"，执行该命令后会增加一个新的曲线控制顶点，经常用于细分曲线。所插入的控制顶点有可能与所插入的具体位置有所偏移
偏移	用于改变曲线的位置。也可以生成新的曲线并与原曲线保持一致的曲率。在环形曲线上执行该命令，可实现环形曲线的复制。避免了手动复制并调整距离的麻烦
反转方向	每一段曲线都有 U 和 V 两个方向，方向的不同会导致曲线操作的方向性问题，因此需要配合此命令对曲线的方向做出调整
重建曲线	用于改变曲线的分段数

第二节　曲线生成模型

　　NURBS 建模的一个显著特点就是可以利用曲线生成曲面。在 Maya 中利用曲线生成曲面的方法包括放样、平面、旋转、双轨成型、边界等方式。每一种方式都有其独特的生成方式，对不同造型特征的创建提供了比较全面的解决方案。由曲线生成的曲面物体不再具有多边形物体上的点、边、面概念及操作方式，取而代之的是控制顶点、等参线等控制元素。对于多边形模块的大多数命令，也已经不再适用于曲线和曲面的编辑上。

一、放样

　　曲线生成曲面的一种方法。使用该方法需要具备两条及两条以上独立的曲线。依次选择（乱序选择可能会导致曲面重叠问题）所有参与造型的曲线执行该命令即可生成曲面。选项面板下的"关闭"选项用于封闭曲面，封闭的曲面需要基于三条及以上数量的曲线。曲面次数选项主要用于控制曲面的曲率，该应用也需要三条及以上的曲线支持，位于中间的过渡曲线位置会根据选项的不同而产生不同的效果。当曲面次数为线性时，中间曲线的过渡效果会产生折角，而立方的方式则会让过渡位置以平滑方式呈现。如果"自动反转"（Auto Reverse）选项处于禁用状态，并产生了曲面扭曲的情况，可启用该选项。启用后，曲线的方向会进行反转。

　　如果参与命令的曲线具有一样的曲线次数和编辑点数，放样命令会在 U 方向产生相同数量的跨度数。曲面会更容易被控制和处理。而复制单个曲线是很好地避免该问题的方法，在需要的时候可变换复制曲线上的 CV，也是获得剖面曲线的一种方法。

　　如果曲线的参数化不同，已放样曲面可能比任何剖面曲线都有更多的跨度数。如果创建曲线为带"弦长"（Chord Length）的"编辑点曲线"（Edit Point curves），曲面将更加复杂，同时更难处理。

在输出几何体选项中还可以选择多边形方式，选择该选项后会有系统性的多边形选项可供选择。在多边形的类型上可选择三角形和四边形，为了方便后续的操作一般以四边形为主要选择方式。在细分方法上，默认选项为标准适配。弦高比用于控制模型的分段，数值越高，分段数也就越高。"分数容差"选项（Fractional Tolerance）可以改变原始曲面和插值多边形曲面之间保持的精确度。默认设置的精确度为 0.01 单位以内，它的单位是指当前的线性测量单位（Maya 的默认测量单位为厘米）。因此，所生成的多边形物体离原始 NURBS 曲面的距离一般不会超过容差值所限定的距离。当模型产生多余的分段时，可通过调整该参数解决相应的问题。最小边长选项用于控制所生成的三角形或四边形的边的最小长度，当细分数较多的时候，该选项不起作用；当细分数导致的最小边长低于限定边长的时候，软件将自动控制细分数量以避免边长过低。"3D 增量"（3D Delta）选项用于控制模型上的组成细分的初始栅格的 U 向和 V 向参考线的 3D 间距。该选项对模型的细分的数量会产生影响。

细分方法选择常规后，可通过 U 向和 V 向分别控制生成模型的段数。这是一种非常直观的分段数控制方式，虽然他们默认参数最高为 32，但仍然可以通过输入数值的方式增加高于 32 个分段。在他们的分段类型上，也可以选择"每个曲面的 3d 等参线数""每个曲面的等参线数""每个跨度的等参线数"三种方式的任意一种。三种类型将会呈现出不同类型的统计方式，以便制作者可以清晰地计算分段数量。

激活"使用弦高"后，所生成的模型会在模型的转折处对多边形进行细分，弦高值越低，转折处的细分数越高。当"弦高比"激活后，软件会自动计算模型的造型是否需要使用更高的细分，在比较平滑的模型上，激活该选项可能会直接取消已经生成弦高细分。

计数方式是通过计算多边形的数量来创建多边形。计数数值越高，细分数越高，软件将会平均分配每个网格之间的距离。

二、平面成型和方形成型

平面成型命令只支持闭合的或是首位相交的曲线，同时还必须得满足曲线上的所有控制顶点都位于同一平面内，否则将无法生成模型。平面成型命令支持 NURBS 和多边形两种生成方式，而多边形的生成方式基本与上文所提的放样命令所一致。方形成型命令和平面成型命令具有一个相同的成型要求：必须为封闭或相交的线段。它们的不同点有两个，第一是方形成型必须为 4 条边组成的；第二是方向成型的四条边的内部控制顶点不需要保持在同一个平面内。

三、旋转成型

旋转成型可以所选曲线为基础生成曲面或多边形。在场景内创建任意一段曲线，可选择相应的轴向中心并创建模型，轴向中心的方式都以世界坐标系为标准。它同样支持线性和立方两种成型方式。可通过"开始扫描角度"和"结束扫描角度"来控制成型物体的封闭比例。当开始扫描角度为 0°，结束扫描角度为 360° 时，所创建的模型为封闭式模型，这也是我们最常用的方式。同时该命令也支持预先设置分段数以及后期通过通道面板修改分段数。在创建多边形的选项中，其基本参数与上文"放样"命令保持一致。旋转成型对于以轴心为对称方式的造型有着极其快速的创建和调节方法，如花瓶、酒杯等圆形器皿。

四、双轨成型

双轨成型工具是利用两条轨道曲线沿着一条或多条路径曲线创建模型的一种建模方法。该方法对于比较复杂的流线造型物体有很好的效果。

使用双轨成型首先要保证具有两条独立的轨道曲线；其次要保证轮廓曲线与两条轨道曲线都相交；最后执行双轨成型命令，先选择轮廓曲线然后再选择两条轨道曲线即可生成模型。此时如果生成的曲面为黑色显示状态，表示曲面的方向是反向的，需点击曲面菜单下的反转曲面方向即可修正。双轨成型工具又可分为"双轨成型1""双轨成型2""双轨成型3"。三种成型在使用方法上略有不同，它们分别针对不同复杂程度的模型。当有两条轮廓曲线的时候需要用到"双轨成型2"命令；当具备三条及以上轮廓曲线的时候，就需要使用"双轨成型3+"，该命令与前两个命令使用方法略有不同，需要在选择轮廓曲线之后按回车键才能再次选择轨道曲线，否则Maya无法识别哪些是轮廓曲线（见表3-2）。

表 3-2

命令选项	具体作用或应用案例
变换控制	变换工具有两个选项：成比例和不成比例。当选择不成比例的选项时，双轨成形曲面内部CV的Y坐标也会如剖面曲线的Y坐标均保持常量
剖面融合值	通过该选项可设定轮廓曲线对已创建模型的中间剖面的影响。当值为1时表示第一条选定的轮廓曲线所产生的影响比第二条轮廓曲线的大。值为0时则结果相反。在默认情况下，这两条选定的剖面曲线具有相等的影响值，该选项用于调整模型的细节倾向，它仅适用于使用"双轨成形2工具"（Birail 2 Tool）创建的模型
连续性	该选项可调整生成的模型切线与轮廓曲线下的模型保持连续性。因为需要多条轮廓曲线用于双轨成形2命令或双轨成形3+命令，因此"连续性"（Continuity）选项针对使用的每条曲线设置了"轮廓"（Profile）和"轨道"（Rail）两个选项
重建	启用某一个"重建"（Rebuild）选项时，先重建轮廓曲线或轨道曲线，然后再将这些曲线用于所创建的模型。由于将多条剖面曲线用于"双轨成形2"命令和"双轨成形3+"命令，因此"重建"（Rebuild）选项会对使用的每条曲线设置了"轮廓"（Profile）和"轨道"（Rail）选项 "剖面"（Profile）可重建剖面曲线 "第一轨道"（First Rail）可重建构建曲面时所选的第一条轨道曲线。"第二条轨道"可重建所选的第二条轨道曲线 启用任何"重建"（Rebuild）选项时，Maya都会重新分配间距和比例
输出几何体	提供了多边形和NURBS两种输出方式
工具行为	该选项默认勾选了"完成时退出"（Exit On Completion），在创建双轨成形曲面后会自动结束工具的使用。当需要执行其他双轨成形操作，可以取消勾选该选项，此时完成一个成型操作可连续执行其他成型操作而不必再次选择该工具 "自动完成"（Auto Completion）选项在使用双轨成形工具的每步中均会显示提示。如果禁用了该选项，则必须按正确的顺序拾取曲线，然后选择双轨成形工具以完成操作。首先拾取剖面曲线，然后拾取两条轨道曲线

第三节　编辑曲面

　　Maya 提供了丰富而强大的曲面编辑方式，以至于可以通过 NURBS 建模方式独立完整很多案例。编辑曲面的相关功能是支撑曲面建模的核心部分，本节将具体介绍编辑曲面的相关命令。

一、对齐曲面命令

　　默认状态下，选择 Maya 的两个独立曲面，执行该命令可把两个曲面进行对齐操作。当遇到两个模型的边长不一致时，对齐命令会让其中一条边去适应另一条边的边长，它的适配原则是先选择的物体的边长去适应后选择的物体。该命令默认情况下，只把两个物体进行对齐操作，对齐后的两个物体是对立存在的，如果需要变成一个物体，需要启用"附加"选项。该选项启用后，"多点结"选项同时被激活，可选择保持和移除两个选项。保持选项会保留对齐后的"多点结"，而移除选项则会尽可能多的删除它们，以保证模型最大程度上的简化。在"连续性"上，Maya 提供了"修改位置""修改边界""修改切线""修改比例""修改曲率"五种方式，是指模型上两个边共享一个边界及其边界的融合方式。五个选项的区别主要在于融合方式的曲率变化，对于需要把握细节的模型，可尝试五种连接方式的不同效果（见表 3-3～表 3-7）。

　　● 修改位置

表 3-3

第一个（First）仅修改所选的第一个曲面的图形	移动第一个整体曲面，使其结束边界与第二个曲面的开始边界重合。对第一个曲面的结束边界 CV 做出了一些调整
第二个（Second）仅修改所选的第二个曲面的图形	移动第二个整体曲面，使其开始边界与第一个曲面的结束边界重合。对第二个曲面的开始边界 CV 做出了一些调整
二者（Both）同时修改所选的第一个和第二个曲面的图形	移动第一个和第二个曲面，使第一个曲面的结束边界与第二个曲面的开始边界重合。相邻边界 CV 将沿着最短距离线向中间移动

● 修改边界

表 3-4

第一个（First）仅修改所选的第一个曲面的图形	移动第一个曲面的所有结束边界 CV，使其与第二个曲面的相邻开始边界 CV 重合
第二个（Second）仅修改所选的第二个曲面的图形	移动第二个曲面的所有开始边界 CV，使其与第一个曲面的相邻结束边界 CV 重合
二者（Both）同时修改所选的第一个和第二个曲面的图形	移动第一个曲面的所有结束边界 CV 和第二个曲面的开始边界 CV，使它们互相重合。相邻 CV 将沿着最短距离线向中间移动

● 修改切线

表 3-5

第一个（First）仅修改所选的第一个曲面的图形	选择该项会改变第一个曲面的结束边界上的切线，使其与第二个曲面的开始边界上的切线重合
第二个（Second）仅修改所选的第二个曲面的图形	选择该项会改变第二个曲面的开始边界上的切线，使其与第一个曲面的结束边界上的切线重合

● 切线比例

表 3-6

第一个（First）仅缩放所选的第一个曲面的图形	选择该项会改变第一个曲面的结束边界上的切线幅值
第二个（Second）仅缩放所选的第二个曲面的图形	选择该项会改变第二个曲面的开始边界上的切线幅值

● 曲率比例

表 3-7

第一个（First）仅缩放所选的第一个曲面的图形	选择该项会改变第一个曲面的结束边界上的曲率
第二个（Second）仅缩放所选的第二个曲面的图形	选择该项会改变第二个曲面的开始边界上的曲率

二、附加曲面

附加曲面就是连接曲面，会把两个独立的曲面连接为一个对象物体。它包含了连接和融合两种模式，在连接模式下，两个曲面各自保持原有的曲率，仅仅做出对接操作，融合模式会改变两个模型的曲率。勾选插入结选项会增加衔接位置的分段。数值越高插入等参线的位置离衔接边界越远。融合偏移选项用于改变曲面的曲率，一般使用控制顶点来控制曲率的效果要比在这里输入要直观一些。在附加选项之下还提供了一个"附加而不移动"命令，该命令需要选择模型的等参线进行操作。

三、分离曲面

分离曲面是以等参线为边界，将一个曲面打断为两个的操作。可选择曲面中的任意非边界等参线进行打断处理，也可以手动插入等参线进行打断。该命令支持 U 向和 V 向的双向操作。

四、移动接缝

该命令主要用于封闭型曲面。在 Maya 中所有封闭式曲面都有一个接缝，例如圆柱和圆球，以粗线状态显示（见图 3-1）。它本质上仍然是一个等参线。但由于在建模过程中，等参线的位置会成为分割模型的障碍，所以需要分割或打孔等操作的时候，会尽量避免打孔位置出现在接缝上。利用该命令可把接缝移动到其他相对稳定的位置上。

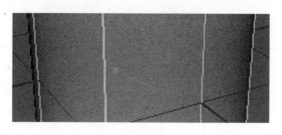

图 3-1

五、打开/关闭命令

该命令主要应用于具有一定曲率的开放型曲面上和封闭型曲面上，在开放型曲面上执行该命令会把曲面封闭，在封闭型曲面上执行该命令则会把曲面打开。

封闭曲面的方式有三种可以选择：U 向、V 向、两者。一般只会用到 U 向或者 V 向，双向都封闭的操作经常会导致曲面出现问题。

在形状选项上，主要会用到融合选项，并且可通过融合偏移值对融合的曲率做出调整。

六、相交命令和修剪工具

在两个相交的独立曲面物体上形成一条共同的边界线，该命令并没有对相交的曲面进行裁剪。选择修剪工具后，点击选择想要保留的几何体部分，按回车键将删除所有没有被选择的部分。选择被修剪的物体并执行取消修剪命令可找回被修剪掉的曲面。配合圆化工具可以对相交的部分制作过渡效果。圆化工具必须在相交后并且已经修剪过的曲面上才能操作。还可通过"在曲面上投射曲线"命令进行模型的修剪，需依次选择曲线和曲面，通过投射视角的效果为模型投射曲线，投射曲线后，可通过修剪工具把模型位于所投射曲线的两端进行分割。修剪过的曲面，细分度一般不太高，需要配合属性面板的 NURBS 曲面显示面板调整细分程度。也可以通过使用渲染模块下的 NURBS 细分设置对渲染效果进行调整。

在 2024 版的 Maya 中可以针对整个动画范围的曲面物体进行自动细分和优化显示效果。此方法对于摄影机和对象之间的距离发生更改动画或单帧渲染场景非常有效，通过防止过度细分的自动化操作，从而可以节省内存和读取及写入时间并提高性能。对于需要单独设置的细分程度的对象，可以手动调整细分效果（从"细分模式"（Tessellation Mode）列表中选择"手动"（Manual））。

● 应用细分（Apply Tessellation）

可用于更改所选定的曲面（Selected Surfaces）的细分属性，也可以同时更改场景中所有曲面（All Surfaces）的细分属性。"选定曲面"选项（Selected Surfaces）处于默认设置选项。

● 细分模式（Tessellation Mode）

自动细分模式下 Maya 可以根据对象和可渲染摄影机间的距离自动设定最佳细分设置，通过渲染窗口可发现自动模式下的边缘平滑度已经远远高于场景中的模型（见图 3-2）。如果对细分程度不满意，可选择"手动"（Manual）模式。使用"自动"（Automatic）细分模式前，应在渲染设置（Render Settings）面板中设定所需要的分辨率。Maya 需要通过"分辨率"（Resolution）的不同设定来区分不同的细分级别，以避免细分精度问题。

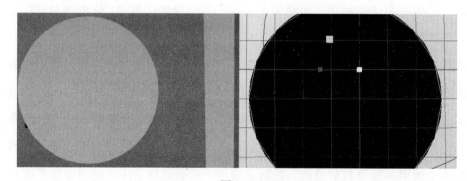

图 3-2

自动模式下的细分水平取决于曲面的覆盖范围、曲面与摄影机之间的距离。接近摄影机的对象或占用大量屏幕空间的对象会自动使用更多三角面对模型进行细分。与摄影机距离较远的模型或较小的模型会赋予较少的三角面。如果曲面物体或摄影机已经具有了动画属性，那么 Maya 会自动计算不同时间下的距离，并在"渲染帧范围"（Use Frame Range）内设定的帧范围进行细分计算。会逐帧计算细分求值和优化，然后确定并应用相应质量状况下的细分方案要求。自动模式（Automatic Mode）下也具有部分基本设置，而且这些设置同样适用于"手动"（Manual）模式下的"基本"（Basic）设置。使用帧范围（Use Frame Range）选项仅在"自动"（Automatic）（默认值）模式下可用。由"自动"（选项 Automatic）细分计算的细分取决于曲面与摄影机之间的距离。如果对曲面或摄影机进行了关键帧设置，此关系随时间而更改。通常，当曲面越接近摄影机时，需要细分数量也就越多。如果渲染单帧画面，可使用"当前帧"（Current Frame）选项。否则，Maya 通过预备运行指定帧范围的动画进行计算，对每个帧的细分计算并自动设置细分属性，以提供最佳效果。Maya 窗口左下角的进度栏指示预备运行进度。也可以按 Esc 键中断预备运行的细分求值。中断过程中，设定了细分值，且这些值在被中断的帧之前均有效。使用"渲染设置"选项表示范围为渲染设置面板里指定的帧范围。时间滑块（Time Slider）选项表示按时间轴上的时间滑块选定帧细分范围。

　　手动模式下的细分可分为"基本"（Basic）和"高级"（Advanced）选项。这相当于打开了每个曲面的"属性编辑器"（Attribute Editor），然后设定曲面的细分设置。在含有大量模型的更复杂场景中，将较小的或是不容易被识别到细节的对象设定为"低质量"（Low Quality），将处于画面中心位置或是比较明显的对象物体设置为"高质量"。低质量（Low Quality）的弦高比 = 0.987；中等质量（默认）（Medium Quality（default））可能会出现部分面状化，但多边形的计数明显较少。弦高比 = 0.990。高质量（High Quality）的弦高比 = 0.994。最高质量（Highest Quality）选项的结果是形成了非常平滑的边，而且没有面状化。弦高比 = 0.995。不检查曲率（No Curvature Check）不会尝试将面状化问题进行相应的处理，且只对细分进行了初始采样。U 分段因子（U Division Factor）和 V 分段因子（V Division Factor）选项，如果调整此设置，Maya 会自动将这些值与"每个曲面的 3D 等参线数"（Per surf # isoparms in 3D）相匹配，但是在"自动"（Automatic）（模式和"手动"（Manual）模式下均会自动设置此项。因子值越高，产生的多边形越多。"U 向分段因子"（U Divisions Factor）和"V 向分段因子"（V Divisions Factor）参数包含大致相同的值。使用平滑边（Use Smooth Edge）选项可以仅沿对象的边界增加三角形数。该设置可以让边线效果更加平滑或者防止相邻曲面之间产生缝隙，同时无需对整个对象进行细分，因为细分整个对象需要较长的渲染时间。平滑比率越高，边越平滑，多边形的计数就越大。如果沿接近边的曲面的曲线部分出现高亮显示的瑕疵，则不可使用该属性。该选项根据需要在沿曲面边的产生曲率的区域添加更多三角面。该边为 NURBS 曲面的边界，其中一个 U 向或 V 向参数导致其最大极端值。（根据从摄影机中查看对象的方式，这并未涉及轮廓边。）虽然会沿边添加附加的三角面，但是还应该根据需求将部分三角面添加到曲面内部，以防止曲面内的交叉处出现缝隙。边交换（Edge Swap）选项有助于解决四边面和三角面之间的跨度效果，所创建三角面和四边面的两个顶点进行交换。该选项的效果在多数情况下不够明显，但它使用的资源也非常少。

- 基本（Basic）

  选择该选项时显示基本设置。有关这些设置的说明，请参见"自动"（Automatic）模式设置。调整"基本"（Basic）设置时，Maya 会自动设置"高级"（Advanced）设置（为简明起见已隐藏）。

- 高级（Advanced）

  选择该选项时显示高级设置。有关这些设置的说明，请参见"高级细分"（Advanced Tessellation）设置。

  ✧ 高级细分（Advanced Tessellation）选项

  在"手动"（Manual）模式下可选定"高级"（Advanced）选项。如果（在"自动"（Automatic）模式或"手动"（Manual）/"基本"（Basic）模式下）已将"曲率容差"（Curvature Tolerance）值设置为最高，如果边缘或结构仍然不够平滑，可使用这些设置以对模型的细分进行更具体地控制。

  ✧ U 向模式（Mode U）、V 向模式（Mode V）

  这是"主要细分"（Primary Tessellation）参数。这些设置可使软件有效控制曲面的细分程度。U 值和 V 值分别控制 NURBS 曲面的 U 向和 V 向的程度。根据面的结构可设置不同的值，以区分曲面不同方向的细分。

◇ 每个曲面的等参线数

此项不再计算曲面跨度数，可设置具体的细分数量。可导致参考下数量比跨度数量更低。该设置会让参考线均匀分布在曲面上。

◇ 3D 中每个曲面的等参线数（Per Surf # of Isoparms in 3D）

"每个曲面的等参线数"的值（Per Surf # of Isoparms）相同，通过调整在 3D 空间（而不是参数化空间）等间距分布的参考线。有助于 NURBS 到多边形物体的转化。相对于其他分布模式，该模式会更加均匀的分布所生成的三角面。

◇ 每个跨度的等参线数（Per Span # of Isoparms）

这是手动模式下最常用的选项。无论跨度大小如何，无论跨度大小都会拥有相同的细分数。默认数值为 3。适当跨的设置可用于防止跨度匹配的连接曲面之间产生缝隙，这对于使用多个曲面构建造型有着重要的作用。

◇ 基于屏幕大小的最佳推测（Best Guess Based on Screen Size）

在 NURBS 曲面上创建一个边界框，将其投影到屏幕显示，以此计算空间内的像素数。软件使用该数字来计算"每个曲面的等参线数"（per surface # of Isoparms）。其最大数为 40。在该模式下，物体使用的屏幕空间越多，值就会越大。

如果摄影机或模型处于动态模式下，那么该选项不适用于此，因为边界框会随机产生变化。如果边界框发生变化，那么细分和纹理抖动也会随之改变。甚至还会出现高光问题。对于复杂的 NURBS 曲面，并启用了"显示渲染细分"选项（Display Render Tessellation），那么该设置可能会增加延迟显示时间，对于计算能力较差的显卡可能不太适用。

◇ U 向数量（Number U）、V 向数量（Number V）

实际值与"U 向模式"（Mode U）、"V 向模式"（Mode V）相关，一般不改变该项。

◇ 使用弦高（Use Chord Height）

打开"弦高"（Chord Height）选项用于调整滑块值。可以使用"弦高"（Chord Height）、"弦高比"（Chord Height Ratio）或"最小屏幕"（Min Screen）三个选项，但这些选项之间无法形成有效配合。

◇ 弦高（Chord Height）

弦高是基于模型空间单位的物理测量；是三角面的边的中心到定义曲面的曲线的垂线距离。如果所测量的实际距离大于该"弦高"（Chord Height）的值，需要细分三角面。细分后需要再次检查结果，实际制作中往往需要反复操作和对比效果。在"对象空间"（Object Space）中测量"弦高"（Chord Height）。默认数为 0.1。"弦高"（Chord Height）基于默认单位，由于越小的模型弦高值也就越小，因而该选项并不总是适用于非常小的物体。对弦高进行一般的计算时，只要有任何值大于 0.1，软件将细分三角面，然后进行重新计算。继续这一细分过程直到所有的三角形都能符合标准。弦高较小，三角面与曲面的曲线越接近。这对于关注物体相对于原型模型精确度的工业设计师可能比较有用。

一般情况下不建议创建太小的模型。如果以极小比例创建模型，然后将模型等比例放大，弦长的结果始终相对于物体本身而不是"世界坐标系"（World Space），这意味着较小模型的细分标准可能非常复杂。对于较小模型或被缩放的模型，应选择"弦高比"（Chord Height Ratio）。

◇ 弦高比（Chord Height Ratio）

设置跨度值和实际的 NURBS 曲面到跨度中心的距离的最大比率。

取三角面相交于曲面的两个点之间的弦高值（d）和距离值（D）的比率值，然后用 1 减去该比率值，如以下等式所示：

"弦高比"（Chord Height Ratio）$= 1 - d/D$

"弦高比"（Chord Height Ratio）值大于等于 0.997 将会生成非常平滑的细分曲面。默认值为 0.9830，这意味着相比较于 D, d 值非常小（例如，$0.9830 = 1 - d/D$）。越接近 1，三角面与曲面的结合越紧密（较适用于动态效果。）

可使用"弦高"（Chord Height）、"弦高比"（Chord Height Ratio）或"最小屏幕"（Min Screen）选项的任意一项，无法使用这些选项的组合。

注：对于动画时，正趋向或远离摄影机的物体，请勿启用"使用最小屏幕"（Use Min Screen）。"最小屏幕"（Min Screen）项会导致细分随时间发生改变，还可能会导致多余的置换或纹理出现。

✧ 最小屏幕（Min Screen）

细分基于最小屏幕大小（默认情况下为 14 像素）。细分过程中创建的所有三角形都必须适配该屏幕大小。如果不适配，对其进行进一步细分，直到适配为止。此选项适用于设置为 11.0 的静态图像。不建议对动画采用该选项，因为对象移动时细分会不断更改，从而导致纹理闪动或抖动，这是由于对特定像素进行着色时需要在每一帧上处理不同的细分效果而产生的。

注：如果具有复杂的 NURBS 物体，并启用了"显示渲染细分"（Display Render Tessellation）选项，那么该设置可能会导致显示更新的延迟。

依据模型距摄影机的距离对曲面进行的细分操作，并使用所在的当前屏幕空间（而不是对象或世界空间）来选择所需要的细分数。

所有三角面都必须适配特定的区域。默认值为 14 个像素，这意味着所有三角面必须适配屏幕的 14×14 的像素区域。对不符合这个标准的三角面进行多次细分，直到其适配指定的区域。设定的值越低，三角面越小，这样才能符合标准。如果降低该值，内存的负载会显著增加，应慎用该选项。

七、曲面布尔运算

曲面的布尔运算支持两个模型之间的并集、差集、交集的操作，其原理基本和多边形布尔运算相似，但操作方法略有不同。执行布尔运算后，选择第一个曲面需要按一下回车键，然后再次选中第二个曲面即可完成布尔运算。布尔运算后的两个曲面在视图大纲中会组建成一个"共同组"，组内的两个曲面仍然相对独立，可选择任意曲面对其进行空间调节。

- 并集为两个曲面相加，重叠的部分会被裁剪掉。
- 差集为先选择的曲面在执行完命令后会以相交的曲面的边界线为分割位置被裁剪掉。
- 交集会保留两个曲面相交的部分，其他部分被裁剪掉。如图 3-3 所示。

在执行"布尔"（Boolean）运算之后，仍然可通过通道面板的布尔选项进行其他运算方式的操作。

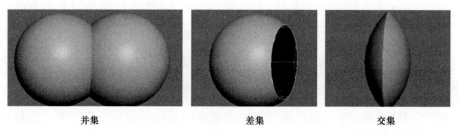

并集　　　　　　　　　差集　　　　　　　　　交集

图 3-3

第四章　MASH 系统及其主要节点的应用

第一节　MASH 系统简介

MASH 是 Maya2017 版以后内置的特效模块系统，它主要是针对图形的运动特效而设计的模块，在影视动画领域的应用越来越广泛。

MASH 的菜单位于动画模块下，同时在工具架上也有 MASH 工具。通过点击"创建 mash 网络"图标可在视图大纲中创建一个 mash 应用节点。选择 mash 节点，可在属性面板中看到 mash_repro 的面板。面板中的对象窗口就是需要应用的几何体列表。如果在创建 mash 节点之前已经选择了一个几何体，那么 Maya 会自动把该几何体加入到对象列表中。如果没有选择任何物体，就需要手动加入所需要的几何体进入到对象列表中。与选择模型后创建 mash 节点的有所不同，手动拖入到对象列表的模型不会被隐藏。Mash 列表目前只支持多边形几何体，而不支持 NURBS 几何体。使用鼠标中键把 MASH 拖入到对象列表中后，Maya 会创建 10 个相同的几何体，它以世界坐标轴为中心向 X 轴的正方向依次等距离排列。通过 MASH_Distribute 属性面板可调整模型的点数，它控制着复制的模型的数量。它的默认点数为 10，滑块最大调节数量为 100，如超过此数量的时候可手动输入数字。

MASH 编辑器是用于管理 MASH 场景的大纲类图表。在此编辑器中可用于创建各种功能型节点，也可以隐藏或删除不同的 MASH 网络。通过点击选择 MASH 网络可以快速进入属性面板对 MASH 的各项参数进行编辑。

在分布类型上，MASH 提供了多达十种的分布方式，它们分别是线性、径向、球形、网格、输入位置 pp、栅格、初始状态、paint effects 以及体积。

● 线性：以射线方式进行排列，沿世界坐标的 X 轴的正方向从左向右依次排列。当勾选"中心分布"选项时，模型将以世界坐标系的 X 轴为中心分别向左右两侧依次排列。在距离属性上可在距离 X、距离 Y 和偏移 Z 三个属性上分别调整模型的三个维度的距离。每个轴可用滑块输入的最大数值为 60，可通过手动输入数字的方式输入更大的距离。当 X 轴和 Z 轴的数值为 0，Y 轴为 60 时，排列方式会以垂直于世界中心的方式进行排列。旋转轴数值数据控制着模型自身的旋转。输入缩放值后，分布的几何体会以递增的方式放大体积。偏移值控制着分布的位置，与所在轴向的位置保持一致。如果不想以递增的方式保持体积，可以使用渐变选项，通过渐变曲线图可以灵活控制渐变的样式。渐变选项的控制还包括位置和旋转项的操作。如图 4-1 所示。

图 4-1

● 径向：切换为径向排列方式后，原有的参数设置都不再有效，如果需要保持之前所设置的渐变效果可取消勾选"忽略渐变"选项。径向是一种围绕世界中心的圆形排列方式，可通过"径向轴"选项选择径向的方向，默认为 XY 平面方向。半径选项控制圆的大小，半径值过小时，几何体会穿插到一起。角度选项控制着圆的组成角度，默认选项为 360 度，需要半圆的时候并不需要删除另一边，只需要把该数值设置为 180 即可。Z 偏移选项可让排列中的物体不再位于一个平面之内，用于控制螺旋式造型。

- 球形：该排列方式会让所有的几何体围绕一个虚拟的球形物体排列，但在点数较少的情况下不会太明显。通过 X 和 Y 角度可控制球形的包围程度，数值越小，包围程度也就越小。"动画速度"和"动画时间"选项用于控制它们的动态效果，在"动画速度"为 0 的时候，"动画时间"选项不会产生动态效果。可在"动画时间"中输入"＝time"表达式，通过播放时间轴可观看到动画效果，在此基础上调整"动画速度"选项来调整运动的快慢。

- 网格：选择网格排列后支持选用一个多边形物体作为排列的依据。同时在网格下也有很多分布方法可选，包括散射、顶点、随机顶点、边、面中心等，以上方法的排列组序根据相应的元素的不同产生不同的变化效果。"沿法线推动"选项控制着几何体离目标体的距离，数值越大，越远离目标体中心。勾选"上方向向量"后可通过三组参数控制几何体的旋转。

- 栅格：以 Maya 视图中心的栅格为目标进行有序排列。通过三组距离选项控制排列的空间位置，通过三组栅格轴向选项可控制栅格的三维空间中的几何体数量。

- 初始状态：只会产生一个位于世界中心的几何体，选择该项，无论点数输入多少都只会存在一个几何体。它也允许手动对几何体进行排列。

- Paint Effects：该分布方式支持几何体按照 Paint Effects 笔刷绘制的路径和图形造型特点进行排列，路径越长，需要输入的点数就应该越多，以覆盖笔刷的路径。这是一个高度灵活的排列方式，推荐使用植物笔刷作为目标体，Paint Effects 笔刷排列方式支持植物笔刷的主干、叶、花三个组别。如图 4-2 所示。

- 体积：体积排列方式会在世界中心的位置自动生成一个体积排列组。此模式可控制体积大小的参数值控制体积的大小。同时它也支持立方体、球形和点三种排列形状。球形偏移值只有在球形体积模式下才被允许使用。

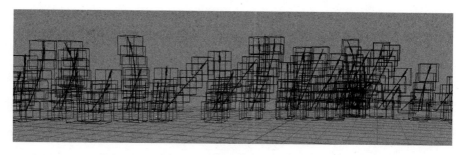

图 4-2

第二节　MASH 节点详解

一、Audio

Audio 是 MASH 的一个音乐节点。它支持 MASH 使用.wav 格式的音频文件作为动画的驱动。支持光谱和平均两种模式。"光谱"以 EQ 频率为标准，其动态效果更加接近音乐的节奏。平均模式下，动态效果更加平缓。输出模式上则支持"法线"和"相乘"两种模式，这是决定音频向动画转化过程中的路径通道。一般情况下，会选择"法线"作为路径输出。

- 位置：该选项允许通过三组位置参数控制音频对模型位移的影响程度。
- 旋转：该选项同样通过三组旋转参数对旋转动画施加影响。
- 缩放：通过三组缩放参数施加体积的放大和缩小。
- 变换空间：可选世界和局部两种坐标体系作为运动参考空间。
- 题图辅助对象：在场景中用于显示交互放置"强度贴图"项的对象。可以在该项上点击鼠标右键以创建新的辅助对象。也可以使用鼠标的中键将网格拖入此项，或者点击鼠标右键连接选定的网格。如果网格已经连接，还可以点击鼠标右键来打断连接或者将其显示于大纲视图中。为获得最佳结果，应将相同的纹理指定给"强度贴图"（Strength Map）项和"贴图辅助对象"（Map Helper）项。

二、Curve

该节点可将曲线作为 MASH 网络的形态路径或运动路径。创建曲线节点后可利用鼠标中键将场大纲视图中的曲线拖入到"输入曲线"框内。此时 MASH 物体的首物体会移动到曲线上。默认状态下，只有组中的首个物体位于曲线上是因为距离 X 的参数没有归零。把距离值归零后，组内所有物体都将回归到曲线路径上。

- 目标曲线：用于控制物体的旋转，通过创建新的曲线并添加新曲线为目标曲线，拖动目标曲线可对物体施加旋转影响。

- 变换空间：当需要让物体恢复至初始位置并只保留一个对象物体的时候可将变换空间的模式改为局部。

- 步长：该选项控制着生成的物体占据曲线的比例，步长值越高，物体占据曲线的比例也就越高。当数值为 1 时，物体位置分布仍然不合理时，可通过 Ctrl 键配合鼠标的左键对步长进行微调节。

- 时间步变化：该选项控制着物体分布的距离，除了数值 0 以外，其他数值都会让物体以随机距离分布在曲线上。

- 速度随机：用于控制物体的动画速度。当数值为 0 时，生成的动画为匀速运动。当数值高于 0 时，每个物体的速度都将产生不同的变化。

- 速度噪波：用于配合"速度随机"选项的调节属性。

- 噪波比例：用于"速度随机"（Velocity Random）属性所具有的噪波图案的缩放比例的调节。

- 沿曲线偏移：用于设置动画时间的起始位置。

- 片段开始：用于设置物体在曲线上的起始位置，数值越高离起始位置越远。

- 片段结束：用于设置物体在曲线上的结束位置，数值越高离结束位置越远。

- 测滚量：用于配合目标曲线控制器来控制物体的旋转方向和幅度。

● 强度：在曲线节点下，运动的强度默认保持最大，通过强度系列参数可以对所有的物体的强度效果进行降低处理。

通过"强度贴图"（Strength Map）对场景中的对象进行处理和控制。可以在该选项框上点击鼠标右键创建一个新的辅助物体。还可以通过使用鼠标的中键将网格物体拖到框内，或者点击鼠标的右键通过连接选定网格。如果物体已经被连接，还可以通过点击鼠标右键打断连接或者将其显示在大纲视图内。

为获得最佳结果，需将相同的纹理指定到"强度贴图"（Strength Map）选项和"贴图辅助对象"（Map Helper）选项。

三、颜色

通过对多边形物体增加"颜色"（Color）节点控制场景中的所有几何体。该节点在视图中显示为彩色后在阿诺德渲染器下并没有显示任何颜色。需要指定阿诺德材质之后，添加一个 aiUserDateColor 输出节点给阿诺德材质，输出颜色连接到阿诺德材质的 Base Color 选项上。此时仍然不能渲染出彩色效果，还应该进行以下操作：首先，选择用户数据节点之后还应该对其属性面板的属性栏，例如输入"colorSet"；其次，再回到 MASHcolor 节点下找到属性面板的颜色集名称同样输入"colorSet"；最后，找到属性面板的 ReproMeshShape 面板，在其 Arnold 选项栏下找到"Export"选项下的"Export Vertex Colors"选项并勾选。具备了以上三个必备条件后，再点击阿诺德渲染即可看到彩色渲染效果（在某些版本下，有可能出现颜色显示问题）。

● 颜色：该选项为基础颜色，选定后画面将出现单一颜色，也可以通过指定颜色贴图把基础颜色限定在贴图的颜色范围内。

● 随机色调：通过控制该参数，可把基础颜色的色调进一步增加，数值越大，总体显示的色调就越丰富，在基础颜色为黑白灰等非彩色模式下，该参数无效。

● 饱和度随机：该选项控制着随机色调的饱和度，数值越高，高饱和度的物体数量占比也就越高。

- 随机值：该选项控制着亮度的对比值，数值越高，亮度对比也就越高。
- 背景色：启用背景色后通过设置背景色可对场景中的物体渲染效果施加一定的颜色倾向影响。

四、延迟

延迟节点用于对动画效果产生延迟效果。它是对已经具有动画属性的物体进行一系列的延迟设置。延迟模式可选法线和跟随引线两种方式，其中法线方式是对多边形物体以法线的方式产生延迟效果，是最常用的延迟模式。平均时间步用以控制动画的延迟时间，数值越大延迟的时间越长。在使用衰减器的情况下，当数值为最大值时，由于延迟的时间过大场景中的几何体大多都不产生动态效果。通过时间变化选项可控制延迟的随机程度。通过时间偏移选项可以控制时间的起始位置。同时以上选项的控制可通过对"延迟位置""延迟旋转""延迟缩放"三个选项的分别控制获得不同的效果。

五、动力学

通过使用动力学节点可向场景中的物体添加动力学效果，如"重力""摩擦力""碰撞"等。通过时间轴的播放开关，可观察到实时交互效果。当添加动力学节点之后，软件会在物体的下方自动创建一个动力学地面，该地面会与物体产生摩擦、碰撞等动力学效果。也可以通过添加碰撞对象的窗口把自己需要的几何体参与到碰撞当中，此时应该取消勾选自动生成的虚拟地面。

- 碰撞形状：自动模式下 Maya 可以根据场景中的对象自动计算碰撞空间的属性。长方体模式是一种最简单的立方体空间模式，它的优点是计算速度更快。球体空间除了其自身的造型碰撞特点以外，它的计算速度要低于长方体。
- 碰撞形状比例：用来控制参与碰撞的虚拟形状的增大或缩小。放大该参数可能会导致物体在其几何体相交之前就发生碰撞，而缩小可能会导致物体在碰撞发生之前出现穿透。

- 碰撞形状长度：当碰撞形状为"胶囊"或"圆柱体"时，该选项可用。主要是为了增大或降低这两种碰撞空间的体积。

- 摩擦力：设置碰撞物体与碰撞地面之间的阻力效果，默认值为 0.1，数值越大，产生的摩擦效果越明显，动态效果也就越弱，过大的摩擦力会导致动力失常的效果。

- 滚动摩擦力：当参与碰撞的物体具有滚动属性时（如小球、圆柱等），该选项具有特定的摩擦控制效果。

- 阻尼：该属性用于控制参与碰撞物体的线性速度，数值越大，运动效果越弱。这是作为摩擦力参数的配合选项来使用。

- 滚动阻尼：具有滚动属性的物体的摩擦力控制。用于控制在一定时间范围内的物体滚动效果。

- 反弹：用于控制物体恢复到初始状态的速度，数值越高，反弹效果越明显。

- 使用质量密度：用于计算每个 MASH 点的体积，可将"质量"（Mass）的属性转化为"密度"（Density）的值。如果要使较大的物体具有更高的质量，应启用此选项。

- 质量：用于增加参与计算的物体的质量，默认值为 1，数值越大，其质量越高。当需要用于区别场景中的物体的质量时，可调整该选项，如铅球和橡皮球的区分上。

"睡眠"选项：用于确定动力学的 MASH 对象何时会处于活动或非活动状态。对于在停止的移动物体上取消不必要的计算或防止这些物体原地抖动，这是一个非常重要的选项。以非活动状态启动物体，直到这些物体与另一物体发生碰撞为止。单击"＋"按钮选项，把当前帧设置成模拟的开始状态。以此将初始状态的节点添加到 MASH 网络中。可以通过按"刷新"（Refresh）按钮来刷新用于"初始状态"（Initial State）的关键帧，也可通过右侧按钮切换到"初始状态"（Initial State）。每点调整（Per-Point Adjustments）

可用于通过 MASH 通道的随机化节点逐步向特定属性通道增加差异属性。在该字段的空白部分上点击鼠标的右键可创建一个新的"随机化器"，或者在现有的条目上点击鼠标右键并点击"断开连接"（Break Connection）选项可将其移除。约束选项通过 MASH 约束节点以不同的方式使点产生彼此约束。在该字段的空白区域上也可以通过点击鼠标右键可创建一个全新的"随机化器"，或者在现有条目上再次点击鼠标的右键并点击"断开连接"（Break Connection）选项将其删除。

六、飞行

该节点是对大量的群集物体模拟飞行动态效果的应用。运用此节点的播放速度应该设置为"播放每一帧"，使用"24 帧的帧速率会降低场景中的物体的飞行速度"。与其他节点不同的是，飞行节点被创建以后会在大纲视图上显示该节点，通过选择大纲视图内的飞行节点并为该节点做一个动画关键帧的记录，就会对场景中的物体施加飞行效果。"搜索距离"控制整体范围大小，"对齐区域"控制着飞行物体本身与同一区域内的其他物体对齐的每个点周围的区域，分离区域控制着物体自身与其他物体之间的分离位置。通过"最小速度"和"最大速度"可控制场景中的物体的整体速度，当最大速度较大时，物体可能不受区域限制而飞向区域的外围。转向力较小的时候会让飞行中的物体飞行速度更快，较大的值则会让飞行速度出现过猛的情况。旋转转向控制着物体向其他方向的转向能力，数值越小转向越灵敏，数值越大转向越平稳。希望飞行物体向周边扩散的幅度比较大的时候，应使用较大的转向力数值。

七、ID

ID 节点用于区分场景中的物体的分类。当场景中存在多个不同的类型的时候，选择场景中的所有物体创建 MASH 网络的时候，由于 MASH 场景默认情况下只保留唯一类型的特性，场景中只会保留一种物体类型，其他类型都会被隐藏掉。此时可添加 ID 控制节点，场景中会显示创建前的所有物体类型。也就是说，ID 节点会自动区分场景中的不同类型的物体。ID 类型为线性的情况下，通过设置 ID 数可控制用于显示场景物体的类型数量。通过概率渐变功能可自行创建曲线来控制每种类型物体出现的频率。当然，赋予 ID 节点之后，仍然可以通过固定选项及其 ID 号来决定需要出现的 ID 类型，它会按照选择顺序自动赋予每种不同类型物体不同的 ID 号。

八、影响

该节点会通过所创建的影响定位器对场景中的物体进行位移、旋转和缩放的数值施加影响。创建该节点会在大纲视图中生成一个 Locator 控制器，控制器所经过的物体都会产生相应的变化，因此可以通过设置控制器的动画属性，对其影响范围内的物体产生动画效果。也可以通过"使用半径"选项手动调节控制器的影响范围。还可以通过旋涡相关设置对场景中的物体施加旋涡效果。该节点比较适合场景中物体较多或者呈序列排列的情况。

九、Merge

用于合并两个 MASH 网络的节点。使用该节点可以让主节点的运动效果同时对子节点施加影响。通过鼠标中键可将场景中的其他任意 MASH 网络拖动到子节点的选项框内。其强度值为 1 的时候，主节点不对子节点施加影响，值越小所产生影响越大。通过随机性的选项还可让子节点的变化变得更加自然。在合并类型里有三个选项可以选择，分别为 Crossfade、相加和相减。Crossfade 模式是最常用的方式，它可以将两个节点的影响效果过渡得更加平滑。相加节点用于将子节点添加到主节点中，而相减节点是将子节点从主节点中减去。

十、偏移

偏移节点是 MASH 中最重要的节点之一。它可对场景中的物体施加位移、旋转和缩放的影响。该节点的参数会对场景中的所有物体进行统一的空间位置操作，为了避免这种统一的变化，可在属性面板中添加一个衰减对象。衰减对象的大小与 Maya 中的物体缩放方式保持一致。对衰减对象的动画操作即可对场中的物体产生影响。偏移模式下，衰减对象不对场景中的物体施加影响，需要对其偏移值进行一定的调节才会产生相应的影响，例如将偏移位置的第一个值输入"5"，再次拖动衰减对象，可看到 X 轴上出现动画效果。当偏移模式改为相乘或覆盖的时候，即使偏移位置数值不变也会对场景中的物体产生影响。当选用"网格上的最近点"模式时，需要在场景中创建多边形物体作为"输入网格"的连接，此时场景中的 MASH 物体会依附到多边形的上并随位置或缩放的变化产生动态效果。衰减对象和输入网格同时存在的时候，场景中的 MASH 物体会受到双重影响。

十一、方向

　　方向控制节点用于控制场景中的物体的方向。可用于整体瞄准某个对象的操作（见图 4-3），场景中的所有头部模型都会看着目标物体（需要对原始物体进行历史记录的清理和变换的复位操作，还可能需要对原始物体进行旋转指向的操作）。默认的方向模式为对准目标，可在目标框内拖入一个 locator 定位器作为目标选项，目标体同时也支持使用多边形物体。选择"速度"作为方向模式，以其方向依据为物体的运动方向，一般用于曲线上的物体动画。

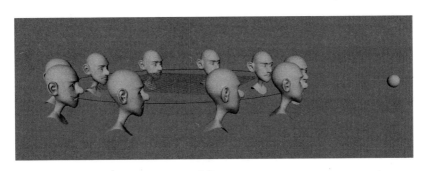

图 4-3

十二、放置

放置节点用于在指定空间以绘制的方式放置模型。它可用于较大数量的模型的位置摆放案例，如花卉、蘑菇等。可通过"添加"和"删除"模式在多边形平面上进行物体的放置操作。需要提前编辑地形的起伏效果，如果在添加完成后再编辑地形效果，则放置的物体不会跟随地形的改变而变化。放置节点还提供了"碰撞"模式，使用碰撞模式可以让互相穿插的物体产生一定的碰撞位置和缩放的改变，但该模式的碰撞效果可能会产生一些过度的操纵。在添加模式下，还可以通过设置随机缩放的值，对放置的物体产生一定的随机变化。也可以通过调整笔刷大小配合删除模式对场景中的物体进行不同面积的删除。在节点内置的"移动""旋转""缩放"模式下（见图4-4），可以选择部分物体对其进行相应的操作。

图 4-4

十三、随机控制

随机控制节点是将场景中有序排列的物体进行随机分布的一个操作型节点。随机节点在"位置""旋转""缩放"三个轴向上均可以进行分别控制。也可以通过使用衰减对象工具对衰减效果及其范围进行进一步的调整。在缩放方面勾选"均匀缩放"后，缩放的 Y 轴和 Z 轴都不再起作用，只能通过 X 轴等比例缩放，该选项极大地方便了缩放的操作，在一般的整体缩放操作中，大多数都是等比例操作。

十四、复制器（Replicator）

通过复制器节点可以对 MASH 物体进行更加丰富的复制效果操作，这是一个提高复制效率的必要工具。添加复制节点后，可通过复制者选项来设置复制的份数，默认情况下，它以 Z 轴的方式进行偏移，可把 Z 轴偏移数值归零以进行其他轴的操作。通过比例选项控制模型的整体缩放，勾选"一起缩放"选项后，模型范围会整体变大。通过旋转调整可让模型产生有规律的扭曲（在径向模式下），旋转方式也可以通过渐变曲线进行更加细致的控制。另外复制器节点还提供了图案控制方式，在默认模式下，提供了两种图案控制方式，可通过图案选项增加图案的数量。

十五、信号

添加信号节点后，物体自身会产生一定的空间变化。播放时间轴可发现自身已经具备了跳动的动画效果。信号类型中可分为"4D 噪波""循环噪波""分形布朗运动""三角测量"和"卷曲噪波"，这些不同的噪波类型有着不同的频率和浮动效果，用于区别不同类型的运动状态。如"分形布朗运动"模式可用于模拟波浪起伏的效果，而"卷曲噪波"的运动状态较慢。还可对其对旋转值进行调整，增加了旋转值后，MASH 网络里的每一个物体都会进行旋转操作。缩放操作可对 MASH 网络里的物体进行有规律的缩放排列。"三角测量"模式下可调整三角化设置，当步长值为 0 时，其动态效果会在显示与消失的模式下循环进行。

十六、弹簧

添加弹簧节点后，会使原有的 MASH 动画产生进一步的弹力效果，它是一种随动式的运动，依附于原有的动画产生的随动动画。随动动画的形成只能基于 Distribute 属性内所制作的动画效果。其中弹簧强度控制整体效果，最大值为 1，此参数一般不需要进行调节，因为此节点的默认弹性就比较小。弹簧强度可通过调整阻尼值实现，阻尼值越大，弹簧强度越低。通过阻尼变化选项可让参与弹簧动画的物体的时间出现不同的变化。

十七、强度

强度节点一般应用于矩阵或群集物体，在衰减对象的位移下可观察到被影响的物体产生缩放变化，位于控制器中心的物体保持原始大小，远离控制器的物体逐渐被缩小甚至消失。通过衰减控制器的关键帧控制可实现群集动画效果。在强度节点下还可以在不同的空间轴向上分别控制强度变化，也可以通过贴图方式来控制强度的幅度。强度节点还可以应用于场景中的 MASH 物体的显示动画，让其在一定的时间范围内显示或隐藏，通过这一操作还可以对其他节点的动画形成连贯的衔接效果。

十八、时间

时间节点仅适用于变形动画。当几何体处于变形器影响的情况下，添加 MASH 网格后变形动画会发生丢失的情况，此时再添加一个时间节点可恢复动画效果，并且还可以对动画效果进行循环操作。默认情况下，时间节点已经对变形动画进行了无限循环的操作，但是时间节点的开始帧和结束帧可能与变形动画并没有保持在同一时间范围内，此时动画效果会出现一帧的"抖动"。需要把时间节点的开始帧和结束帧与变形动画的保持起始帧一致，即可让动画形成真正的无限循环效果。当使用多个物体制作动画时，还可以让参与动画的物体交错进行。另外，时间节点也支持有限循环，可对其循环次数进行调整，输入需要循环的数值可得到相应的循环次数。模拟时间选项用于确定如何将"时间比例"（Time Scale）应用到已经设置了动画的物体。禁用该项，动画时间会乘以"时间比例"（Time Scale）。在 MASH 网络重现的收缩包裹中，"时间比例"（Time Scale）会从 1 减少为 0。需关注 MASH 生成的网格如何减速，然后在"时间"（Time）乘以所输入对象的值变得越来越小的值时反转。

十九、变换

默认情况下，MASH 网络中的物体不支持空间上的位移、旋转和缩放的操作。如果需要对 MASH 网络物体进行位置变换时就可以使用到这个节点。该节点不仅支持空间上的变换，还可以对其进行动画帧设置，利用该功能可应用于片头片尾字幕效果的制作。

二十、可见性

可见性节点的主要功能是用于显示或隐藏 MASH 网络内的部分物体。其最重要的功能是可通过贴图的方式显示 MASH 网络中的部分物体，如地图、文字等。使用贴图的方式需要添加辅助对象（多边形平面），贴图需以辅助对象的 UV 为显示依据。贴图黑色部分的区域将不显示相关物体，也可以通过反转选项对物体的可见属性进行反转操作。如图 4-5 所示，贴图辅助对象框内为添加的多边形平面。

图 4-5

二十一、世界

世界节点主要用于群集物体的创建，它比"放置器"节点更加快捷。簇模式主要使用"陆地生态系统"和"贴图"模式，选择"陆地生态系统"模式后，场景中将随机分配 MASH 网络物体。在输入网格选项中可把经过编辑的地形多边形拖入选项框内，场景中的物体会随机分布在网格上。可通过调整原始物体的大小来影响其他复制的物体的大小，也可以通过调整地面的整体大小改变分布比例。一般需要搭配其他节点整体调整效果，如变换、颜色等节点。"陆地生态系统"的缺点是很多参数不可调节，注重随机分配效果和便利性，比较适合平面形态的地表。而"贴图"模式的优势在于可调的半径变化，虽然最高滑动值为 1，但是在需要的时候仍然可以通过手动输入更高的数值产生对比效果更加明显的分布方式。如图 4-6 所示。

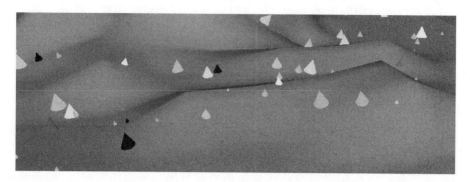

图 4-6

二十二、轨迹工具

轨迹工具用于制作飞行物体的拖尾效果。由于 MASH 物体不支持位移操作，所以使用轨迹功能之前需要把需要创建的 MASH 物体作为一个其他物体的子物体，如创建一个"定位器"。此时添加轨迹工具仍然不会出现拖尾效果，需要把 MASH 物体更改分布方式为网格，分布数量为 1。该 MASH 物体同时也需要作为拖尾的对象拖入到分布面板下的"输入网格选项"中。此时再次拖动"定位器"可看到拖尾效果。在轨迹属性面板中可设置轨迹的宽度和长度。也可选择轨迹物体通过指定材质的方式让轨迹呈现所需的材质效果。

第五章　骨骼与绑定

第一节　创建关节的方法及其对应设置

一、认识 FK 与 IK

在三维动画中，一个角色想要动起来，其内在的驱动装置就是骨骼。只有在三维软件中装配一套近似人类骨骼运动特点的骨骼装置才有可能让动画角色表现出人类的动作特征。因此，骨骼是动作的基础，而想要让创建的骨骼动起来又需要一套跟人类相似的运动方式，创建这套运动方式的过程又叫骨骼绑定。骨骼不仅要通过一系列的控制系统绑定起来，同时角色的模型还需要同骨骼绑定到一起，这样控制骨骼也就等于控制了角色的模型，这个过程叫蒙皮。

骨骼的运动通过骨骼间的关节的旋转来产生，关节与关节之间的关系本质上是 Maya 大纲视图中的父子关系，上一级关节是下一级关节的父物体，最上一级的关节称为"根关节"。默认情况下，三维动画骨骼的运动方式都是建立在关节旋转的基础上的，父物体旋转子物体也跟着动，子物体旋转则父物体不动。这种骨骼的旋转方式称为正向运动。Maya 中骨骼有两种运动方式：FK 和 IK，FK 是 Forward Kinematics 的缩写，也就是刚刚所说的正向运动也可以叫前向运动。IK 全称 Inverse Kinematics，可以理解为逆向运动或者叫反向运动。在 Maya 的骨骼操作方式中，正向运动（以下简称 FK）就是通过父物体的旋转带动子物体的运动，子物体只能做自身旋转却无法影响父物体运动形态。与 FK 不同的是，IK 通过一个 IK 控制器把父物体和子物体串联起来，通过控制器的位移（IK 无法直接通过旋转来带动骨骼运动）带动父物体和子物体同时旋转，父子物体之间的旋转值由 Maya 自行解算，只能控制 IK 控制器的位移值。当有三根及以上的骨骼被 IK 控制器串联起来的时候，三个关节都参与旋转，但离控制器最远的关节旋转角度最大（除了根关节以外）。

如果想要正确理解逆向运动，比如明白为什么不存在所谓的"无缝切换"。平时说的无缝切换是指切换的时候没有抖动，但许多人以为，"无缝切换"就是无需切换，自动换用正向或逆向。要正确理解逆向，首先要换个方式去理解什么是正向以及什么是逆向。正向，就是从物体的变化求结果；逆向则是从结果求物体的变化。

为什么会需要有逆向运动（IK）和正向运动（FK）？例如在做一个手握住一棵小树并围绕着树转圈的动作，这时候就需要让其中的一只手固定在树上，身体动而手不动是这套动作的基本需要。而 IK 控制方式正好可以把 IK 控制手柄固定在树上，这时候无论身体做怎样的运动，手都是被固定住的，除非为 IK 设置运动的动画。而需要 FK 的场景就更多了，比如平时的走路，已经做了躯干的动作，由于手臂系列关节是躯干关节的子物体，即使暂时不做手臂关节的动作也不会影响到其他父关节的操作。动画制作过程中，动作的调节一般都是需要从父子关系中自上而下开始进行的。先做子关节的动作会导致运动规律难以匹配父关节，在生物运动中，几乎没有哪一个关节是独立存在的，它们之间运动存在着必然的联系。

二、创建关节

创建关节也可以叫做创建骨骼，每创建一根骨骼都自带一个有效关节，关节位于骨骼的顶端（如图 5-1 所示，左侧圆形部分就是这根骨骼的关节，而右侧的圆形是无效关节，它是于下一级骨骼的关节）。

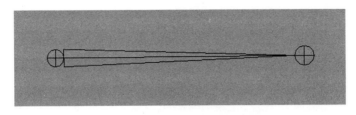

图 5-1

创建一个骨骼可通过按下回车键完成骨骼的创建，如果需要在这个骨骼下继续添加骨骼可通过建立父子关系的方式将骨骼连接到一起。当一段骨骼的距离已经确定，关节数需要增加的时候，可通过插入关节的工具进行操作。只需要在需要插入的骨骼上按住鼠标的右键向右侧拖动鼠标，即可得到新增的关节，关节的位置取决于鼠标拖动的距离。这是一种极其快捷的方式。

创建生物关节一般需要根据生物骨骼的特征保持一定的角度去创建，任意两个骨骼之间的角度都不可以是 180 度，因为在 Maya 中骨骼的角度决定了骨骼的旋转方向，没有角度的骨骼，软件不能判断是应该向哪一侧转动。断开关节需要选择相应的关节执行解除父子关系的命令可在选择的位置上把骨骼打断。

三、创建 IK

IK 的建立必须在两个及以上的骨骼的基础上，并且两个关节仍然需要保持一定的角度。如图 5-2 所示。创建的 IK 呈绿色直线显示，在大纲视图中的名称为 ikHandle1。选择 ikHandle1 也就选择了 IK 控制手柄，通过 IK 控制手柄的移动操作可实现骨骼关节的运动，实际上这样的运动表面上看是位移动作，本质上它仍然是关节的旋转运动。在通道面板中有一个"IK 融合"的选项，当它的值为 0 时，IK 不再起作用，此时可继续使用 FK；当它的值为 1 时，IK 恢复使用状态，在此状态下 FK 默认不能做动画。

创建线 IK，又叫创建 IK 样线条控制控制柄，它是通过在骨骼之间创建一条曲线并使用曲线的顶点控制骨骼运动的一种方式。线 IK 比较适合多关节的骨骼的操作，但不太适合具有随动特点的动画制作。

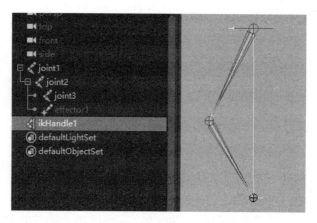

图 5-2

四、根关节

根关节是 Maya 骨骼中的一个非常重要的概念。使用 Maya 在场景中创建单个关节，然后对该关节进行复制操作，这样场景中就有了两个关节，这两个关节是并列关系并没有产生父子关系，因此也就不存在根关节的概念。当通过先选一个关键然后再加选另一个关节并执行父子关系命令时，先选的关节已经成为后选关节的子物体，这时候根关节就是父物体。当继续增加其他关节并建立父子关系时，处于最高一级的父物体就是根关节。一段骨骼中的根关节没有方向性但具有指向性和唯一性。如图 5-3 所示。根关节位于中间，而两端的关节都是它的子物体。一段骨骼包含了一个三角形骨架和两个圆形关节，与三角形的边相连的是父物体关节，与三角形的角相连的是子物体关节。因此，根关节具有四个基本特征：首先，它是一个父物体关节；其次，一段骨骼中的根关节只有一个；再次，根关节指向所有的子物体关节；最后，选择根关节其他所有关节都会被选中。

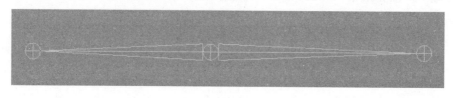

图 5-3

在 Maya 中还可以重新定义根关节。如果创建的骨架方向反了，则不需要删掉重新创建。只需要选择相应的关节执行"重定骨架根"命令即可完成操作。它可以是一段骨骼中的任意关节，当关节位于中间时，执行该命令会让骨骼出现双重指向特征，这一特征也是人类根关节的基本特征。

第二节　腿部骨骼及其控制系统案例详解

一、创建腿部骨骼的相关问题

腿部控制器需要使用 IK 来驱动，其动画的记录位置也是在 IK 控制手柄上。腰部关节是人类骨架的"根关节"，因此腰部的运动会带动全身的运动。当"根关节"向下运动的时候，腿部骨骼也只有 IK 方式可以驱动下肢关节的联动并保持脚步位置相对不变。所以，腿部骨骼使用 IK 驱动不仅仅是腿部自身的需要，也是"根关节"及其全身运动协调性的需要。

腿部的关节应从右视图（或左视图）从上往下创建，创建的第一个关节即为腿部的"根关节"，它的位置应位于模型的髋关节位置，过于往上或往下都可能造成裆部模型的拉扯。创建的第二个关节为膝关节，膝关节的位置应位于膝盖中心略向前一点（与角色膝盖朝向相一致的方向为前方，与腘窝相一致的方向为后方向），膝关节的位置至关重要，它关系到后期蒙皮的效果和动作的效果。膝关节过于往前会导致弯曲时的模型撕裂，而膝关节过于向后会导致腿部骨骼指向错误。第三个关键位于脚踝处，此关节位置保持在脚踝模型的中心位置即可，它对位置的要求不像膝关节那么苛刻。第四个关节位于脚跟位置，如果角色是穿鞋的模型，那么脚跟关节的位置要位于鞋的后侧边缘的底部，这个位置也是比较重要的，关节位置过于向上或向前容易导致走路等动作的穿地，关节位置过于向下或向后容易导致走路等动作产生悬空效果。第五个关节位于模型脚趾根部，走路或跑步的动作都需要此关节的旋转轴参与。第六个关节也是末端关节，位于脚趾前端位置，对于穿鞋的角色，应放置于鞋底的前端边缘，其位置的变化所产生的问题基本与脚跟关节类似。腿部骨骼总体可以分为两大部分，第一部分是腿部骨骼，应呈弯曲状态；第二部分是脚部骨骼，应呈平直状态并贴近地面。在创建骨骼的时候还要注意，尽量不要调整骨骼的旋转轴，而应尽量使用"位移"的方式创建骨骼并调整关节位置，这样可以保持旋转属性的参数不发生变化。当创建完一个套腿部骨骼的时候，还需要回到透视图，让其位于中心轴的一侧。最终腿部形成的结构，如图 5-4 所示。

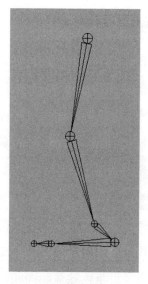

图 5-4

二、创建腿部控制系统的相关问题

腿部骨骼创建之后仍然难以实现互相关联的腿部动作，还需要创建一套腿部控制系统以完成动作的基本控制架构。首先，需要创建三套 IK 控制器，它们分别位于腿部根关节（髋关节）与脚踝关节之间、脚踝关节与脚趾根部关节之间、脚趾根关节到脚尖关节之间。三套 IK 控制器创建完成之后将会在大纲视图中显示为 ikHandle1、ikHandle2、ikHandle3。

此时三套 IK 系统各自具有了自身的作用，可通过位移的方式带动相关的骨骼进行运动。而进一步的需求是可以通过一个关节的运动带动两个甚至两个以上的 IK 控制系统同时运动，这样也符合人类运动的基本规律。通过打组的方式把两个 IK 形成一个"组"，那么控制了"组"就等于控制了两套不同的 IK 系统，如将 ikHandle1 和 ikHandle2 进行打组（大纲视图中显示为 group1）操作，此时"组"就了一个新的控制系统的轴心，把这个轴心移动到哪里，哪里就会成为骨骼运动的中心。在这里我们需要把组的中心移动到脚趾根部，对脚趾根部进行旋转可发现整个腿部骨骼系统都在运动，而在这样的动作中，脚趾前端实际是应该固定不动的，这样在做动画的时候才不至于让脚趾穿进地平面以下。因此，还需要为脚趾的 IK 再打一个组（大纲视图显示为 group2），这个组的首要作用就是阻止脚趾穿地。通过测试发现，打组前后呈现了两套不一样的动态效果（见图 5-5）。红线箭头表示地平线，而左侧案例中，脚趾已经进入地平线以下。通过这一个案例我们已经知道了"组"在骨骼中的两个作用：驱动两套及以上的 IK 系统的运动和阻止 IK 系统的运动。通过"组"的建立，我们还可以发现"组"不仅仅可以实现 IK 的位移操作，还可以实现旋转操作，这两种操作都可以进入到动画帧的记录结果中，这就很大程度上弥补了 IK 系统只能移动不能旋转的局限性。

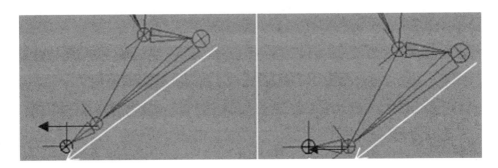

图 5-5

　　理解了这两种作用也就可以为后续的骨骼设置工作带来更多自主性以及保证骨骼架构的合理性。

　　继续测试腿部骨骼的动作需要知道人类骨骼除了刚刚所实现的"以脚趾

根部为中心进行旋转"外还能实现哪些运动方式。这些运动方式包括：以脚尖为中心的旋转、以脚跟为中心的旋转、脚的整体移动。只有先确立了实现骨骼运动方式的目标，才能根据这些目标整理思路。此时场景中只有骨骼和两个"组"。通过上文已知，在腿部骨骼系统中，不直接使用骨骼实现动作。而是通过使用 IK 控制器或"组"的方式去实现，此时场景中的 IK 控制器已经成为"组"的一部分，IK 因此也已经不再具有控制作用。选择两个组的任何一个可发现，无论"组 1"还是"组 2"都无法实现其他三种运动方式。此时只需要对现有两个组再次打组并移动组的中心到脚尖即可实现以脚尖为中心的旋转方式，大纲视图中形成"组 3"，原有的"组 1"和"组 2"成了"组 3"的子级。也就是说，只需要在原有组上再次打组就可以以父物体的属性去实现对组内所有控制系统的驱动。按照这个原理，我们再次对"组3"进行打组生成"组 4"并把"组 4"的中心移动到脚跟，可实现以脚跟为中心的旋转方式，同时还可以发现"组 4"也可以成为整个腿部骨骼的移动控制器。至此，腿部的骨骼和控制系统已经创建完毕。通过拖动"组 4"可发现整个控制系统除了"腿部根关节"的位移属性，其他关节全在"组 4"的控制之中，也就意味着当需要对腿部的整个骨骼和控制系统进行移动时，不仅要选择"组 4"还要选择"腿部根关节"，二者只移动其一，无法完成操作，一旦移动了要及时返回操作，否则可造成不必要的数据记录。

完成了腿部的控制系统还需要与整个身体骨骼的根关节进行连接。身体骨骼的根关节最好要位于世界轴的中心的位置上，这样利于后续的镜像和蒙皮镜像操作。为了准确地捕捉到中世界轴的中心点上，可使用栅格捕捉工具进行精确捕捉，在此条件下创建的关节会自动吸附到指定的栅格中心上。此时，先选择"腿部跟关节"再加选"全身根关节"，执行父子命令操作可完成腿部与"全身根关节"的连接。

通过使用镜像关节的命令，可对已经完整的腿部骨骼进行另一条腿部骨骼的镜像复制操作。只需要选择腿部的根关节和合适的镜像平面即可完成此操作。镜像是以平面为对称方式的。可分为 XY、YZ、XZ 三种平面方式，均以世界轴为标准。所谓的 XY 是指以 X 轴直线为基础，如果是与 Y 轴组成平面，那就是 X 轴向上延伸，其他平面方式也是同样的组成模式。完成镜像以后可发现透视图内已经出现了另一条腿，但是在大纲视图中并没有把组给镜像过来，只出现了骨骼和 IK。这是由于 Maya 目前并不支持组的镜像，在另一条腿部骨骼上，还需要再次进行打组的操作，方法是完全一样的。此时选择"全身根关节"向下移动，可发现有组的腿部参与了下蹲动作，而无组的腿部骨骼直接穿插到地面以下。如图 5-6 所示。

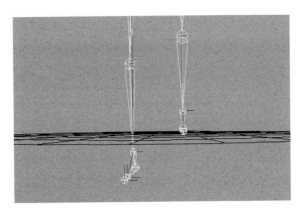

图 5-6

三、脊柱及其他骨骼的创建方式和要点

脊柱骨骼的创建一般以 FK 为主。在 Maya 中，默认的创建方式适合于腿部骨骼的创建。但如果用于脊柱骨骼的创建可能会出现轴向旋转不一致的问题，尤其在骨骼的旋转方向出现反向倾向的时候，骨骼整体的旋转方向会出现不一致的问题。这在做动画的时候，就会造成很大的麻烦，比如在做一个向前弯腰的动作，脊柱的关节需要一起旋转，就会出现有的关节向后弯，有的向前弯。为了避免这一问题，可通过勾选骨骼创建工具面板中的"确定关节方向为世界方向"选项。该选项会让脊柱中的所有关节都沿着世界轴的方向进行旋转，这也对骨骼和模型的创建方式提出了相似的要求，即骨骼或模型不仅要位于世界轴的中心位置，其中心旋转值也要处于归零的状态。在

手指关节的指向上也需要相似的操作，但由于大拇指有独特的角度倾向，所以指关节的指向调整会更加复杂，这也要求在手指骨骼创建的时候尽量保持与世界轴较为一致的角度。当不需要多关节同时旋转的时候，可根据需要设置主轴和次轴的指向，只需要通过选择根关节即可对所有关节的轴向进行改变。使用主次轴的整体设置方案如果仍然无法满足需要，还可通过手动设置轴向的方式去逐一改变单个轴向。通过选择骨骼然后点击菜单栏下的"按组件类型选择"，再点击"选择杂项组件"，此时可选择骨骼中的任意轴向通过旋转轴心控制器的方式对其方向进行改变。如图 5-7 所示。

图 5-7

第三节　自定义属性

在 Maya 的控制器搭建过程中，自定义属性是必不可少的。Maya 可对场景中的曲线、多边形、定位器、骨骼等各种对象添加自定义属性。它的作用主要有以下几点：

- 对象的现有属性已经无法满足需要，通过增加属性以驱动其他对象的某个属性。比如可用 A 物体的新建属性驱动 B 物体的某个属性，这种情况下 A 物体一般是控制器物体，它自身要承载多个属性，目的是方便选择和调节。
- 自定义属性可添加到对象并使用表达式。对于控制其他物体的组合属性特别有用。
- 通过自定义属性控制粒子的形状节点以使用表达式控制它的变化。
- 自定义属性也可以作为变量使用为临时存储值，可供其他属性读取。

添加属性主要有三种方式。

第一种通过修改菜单下的"添加属性"（Modify - Add Attribute），可添加自定义动态属性。会弹出"添加属性"（Add Attribute）面板。为物体添加了自定义属性后，新建属性不仅显示在通道面板中也会显示在"属性编辑器"（Attribute Editor）第一个标签栏的"附加属性"（Extra Attributes）中（如果将此属性设置为可用关键帧，该属性同时显示在"通道盒"（Channel Box）中）。新增属性不支持纯数字方式或是以数字开头的方式命名，建议以字母为开头的命名方式。如图 5-8 所示。

图 5-8

通过该功能，自定义属性会以动态形式添加到对象。其动态属性可用于在某个节点上添加或删除属性。而静态属性只与节点类型的某种实例相关。虽然在该操作下所添加的自定义属性属于动态属性，但是我们仍然称之为自定义属性，这是为了与内在的动态属性区别开。

第二种是选择想要添加属性的物体或节点。在"属性编辑器"（Attribute Editor）中，选择"属性"菜单中的"添加属性"选项（Attributes→Add Attributes）即可弹出添加属性的面板。在弹出的面板中输入属性的"长名称"（以字母开头）。启用"覆盖易读名称"（Override Nice Name）可为属性添加非默认的易读名称，此方式支持纯数字命名，在通道面板中也显示为纯数字名称，这是一种简化名称的方式。

默认情况下，Maya 会自动创建一个易读名称，它会将多个字母的首位字母自动变成大写，但这种自动创建名称的方式对于这个选项来说一般不具有易读性。还是应该手动输入易读名称可获得更好的辨识性，可根据公司的命名习惯进行字母缩写命名。如果选择"可设定关键帧"（Keyable）选项，那么属性就可设置关键帧，也就可以在关键帧的动画中使用其数值，并且它会显示在"通道面板"（Channel Box）中。也可以选择"可显示"（Displayable）选项，该选项会出现在"通道面板"（Channel Box）中，但不可设置关键帧。其可选属性包含的值类型有以下几种：

- 向量（Vector）：也称作矢量，许多常见的物理量都是用矢量描述，如运动学中的位移、速度、加速度，力学中的力、力矩等。有三个浮点值。

- 浮点（Float）：也可以理解为小数。在软件中，浮点数并不是全精度显示。虽然 Maya 按自定义的小数位数显示数字，且"属性编辑器"（Attribute Editor）一直显示三个小数位，但浮点属性的真实数值保留在内存中。

- 整数（Integer）：单个整数值。在运动状态中较少地用到整数。

- 布尔（Boolean）：布尔类型，有打开和关闭开关。

- 字符串（String）：字符串类型。

- 枚举（Enum）：列举类型。

如需编辑自定义属性，可选择要编辑的自定义属性的物体并选择修改菜单下的编辑属性选项（Modify→Edit Attribute）或在"属性编辑器"面板中（Attribute Editor）中选择属性菜单下的编辑属性（Attributes→Edit Attributes）。在属性名称中，除"下划线"和"#"号以外的所有标点都是非法字符。添加属性的最大或最小值用于限定场景中的物体的可变范围，对于浮点数来说，一般最大值为 10，最小值为 −10 即可。

删除自定义属性，需要选择要删除的属性的物体并在"属性编辑器"（Attribute Editor）的菜单栏中，选择属性并点击删除属性（Attributes→Delete Attributes...）。将显示"删除属性"（Delete Attributes）窗口。

第四节　连接编辑器和驱动关键帧

添加属性后，其属性数值无论输入多少都没有任何作用，这是因为它仅仅是一个空属性。如果需要让添加的属性起作用，就需要使用连接编辑器或驱动关键帧。

一、连接编辑器

连接编辑器以并列的方式提供了两列属性连接信息，通过连接编辑器面板可以在其中查看连接网络中的两个相连接的属性。左列为输出属性，右列为输入属性。选择场景中的任意物体通过点击"重新载入左侧"或"重新载入右侧"按钮可完成加载操作。如图 5-9 所示。

图 5-9

输出属性的参数的改变会影响到输入属性的变化，一个输出属性可连接多个输入属性。比如可用新增的属性连接到输入物体的移动 X 和旋转 X 两个属性，当新增属性的数值发生变化时，输入物体的移动和旋转动态都会发生相应的改变。已经连接的属性以斜体和高亮的方式显示。要取消产生的关联可再次点击右侧已经被选择的属性，当属性字体由斜体变为正体时，表示该连接已经取消。使用点击"清除"按钮并不会把已经产生关联的物体取消连接，仅仅是清除列表中的选项以用于加载其他的物体。

二、驱动关键帧

驱动关键帧现在也叫受驱动关键帧，之所以把名称改为受驱动关键帧是由于该功能的关键帧仅应用于受驱动物体，无需在驱动物体上打关键帧。通过驱动关键帧功能，可以在"时间滑块"（Time Slider）中为特定的属性在某一时间点设定一个关键帧。也可以在不同时间设置不同的值重复该操作以设定物体的运动效果。当需要为三个及以上的相互关联的物体或属性设置动画时，设定关键帧就会变成一项复杂的任务。因此，一般情况下，驱动关键帧是一对一的设置。设置驱动关键帧也是一种连接技术，它通过使用某一属性来驱动一个物体或属性的运动效果。凭借受驱动关键帧可以在一对属性之间创建一个附属的链接。通过对驱动者属性的更改去改变受驱动者的属性的值。一旦在属性之间建立了驱动关系，就不需要再单独设置受驱动属性的动画；它会在驱动者的属性改变后自动产生动画。在某些情况下，这是一种优化物体属性之间关系的必要方法。例如，可以通过使用受驱动关键帧的功能在角色按下按钮的时候电梯门自动打开或关闭。

需要了解的是，驱动关键帧功能实际上并不能对受驱动的对象设置动画，它只是受驱动属性和驱动者的一种关联动画。操作受驱动对象的驱动者时，受驱动对象会对所做更改作出反应，但如果播放动画，则在对驱动者物体设置关键帧之前不会产生任何反应。由于驱动关键帧不能将属性链接到时间选项，因此"时间滑块"（Time Slider）没有包含在驱动关键帧的关系中，也不会显示驱动关键帧的标记。

当需要链接多个属性时，可以使用两个或两个以上驱动属性来影响单个受驱动的属性，也可以用同一个驱动者影响两个或两个以上受驱动的属性。比如可以使胳膊的肌肉在肘关节旋转时凸起，同时在腕部旋转时凸起更加明显。该技术类似于将两个属性相链接，以下为限制条件：

● 不能在"设置驱动关键帧"（Set Driven Key）窗口内同时选择两个不

同的驱动者属性。一次只能给一个驱动者的属性设置一个关键帧，因此，当需要对多个属性产生影响时需要分别进行驱动关键帧设置。可以在受驱动物体中选择多个属性，并设定关键帧，通过按住鼠标划选即可。

● 将两个或多个物体加载到"驱动"（Driver）或"受驱动"（Driven）列表内时，不会显示对象的具体属性。在任一列中单击相应的条目名称可以显示其属性。

第五节　蒙皮的设定与应用

当骨骼创建完成后，骨骼与模型是相对独立的关系，它们之间没有产生任何联系。蒙皮就是让它们产生关联的一种设计。完成蒙皮操作之后，模型的将跟随骨骼的运动产生动画效果。到目前为止蒙皮及相关设置并不是一项非常容易掌握的技术。可用来参与蒙皮的对象包括 NURBS 曲面、多边形物体、CV 和 EP 控制曲线以及性格等。蒙皮分为柔性蒙皮和刚性蒙皮，柔性蒙皮主要应用于生物模型上，是我们需要重点掌握的蒙皮方式；刚性蒙皮主要应用于产品模型上，在新的 Maya 版本中已经取消了刚性蒙皮选项。

蒙皮的绑定支持关节层级、选定关节和对象层级三种模式。默认选项是关节层级，在这种模式下，只需要选定任意关节（即使选择的不是根关节）即可对整个层级的骨骼全部执行绑定操作，这也是 Maya 蒙皮的最常用方法；第二种为选定关节，顾名思义，该模式下只把选定的多边形对象绑定到选定的关节上，而不影响整体骨架，这种模式一般只用于局部的蒙皮效果测试；第三种为对象层次，可把选定的模型绑定到关节或非关节的整个层级。层级中的所有关节都会参与绑定操作，通过这种模式可以把模型绑定到定位器等非关节对象上。

绑定方法可分为"最近距离""在层次中最近""热量贴图"和"测地线体素"四种方法。"最近距离"是指模型上的点到骨骼间的距离，根据距离的远近分配蒙皮的权重，距离越近分配的权重越多。这种方法是最常用的方法，但对于一些不同部位靠得比较近的模型，可能会出现不必要的蒙皮效果，如手指间的距离通常会靠得比较近，导致骨骼对非对应的手指模型产生蒙皮权重，从而在动画中出现模式拉扯的问题；第二种方法是"在层次中最近"，这种方法下，Maya 会自动计算骨骼和模型的层级关系，位于同一层级的模型才会与相应层级的骨骼发生蒙皮关系，因此这种方法比较适合骨骼间距比较小的部位；第三种方法是"热量贴图"，这种方法下 Maya 会模拟热量扩散从而影响权重的分配。基于多边形模型中的每个影响对象设定初始权重，该模型作为热量源，并对周边的顶点进行权重分配。权重值越高越接近关节，权重值越低越远离关节。这种方法比较适合布线非常均匀的模型；第四种方法是"测地线体素"，该方法使用多边形的体素为计算权重的依据，它的概念类似二维画面中的像素，由于三维模型具有体积性，所以又叫体素。在这种方法下，无论布线分布是否均匀，都不会影响权重的分配，因为模型的体素是均匀的。它通过计算角色的模型的体素生成相应的权重比例。理论上来说，这是一种最均匀的权重分配方式，但是在早期版本中会出现一些错误，从而影响了该绑定方法的普及。

除了绑定方法外，Maya 还提供了蒙皮方法。蒙皮方法分为三种："经典线性""双四元数""权重已融合"。其中最常用的模式就是"经典线性"，它是一种平滑的蒙皮变形效果。这种方法对体积的膨胀与收缩效果都有较好的效果。唯一缺点是，当关节发生弯曲时，弯曲部位的蒙皮可能会产生模型体积错位的问题，从而影响模型的效果；"双四元数"着力于解决因关节发生弯曲而导致的模型体积错位问题，在该方法下，无论关节弯曲程度如何，模型的体积性都会保持的比较好，它也会消除一些不需要的变形效果，有助于保持多边形的体积感；"权重已融合"是将"经典线性"和"双四元数"两种方法进行了一定的融合，在弯曲不严重的情况下，可用该融合方法；当弯曲角度接近甚至小于 90 度的时候，它的体积收缩效果和线性蒙皮方法相差无几。如图 5-10 所示。"双四元数"的蒙皮方法更适合用于关节处。

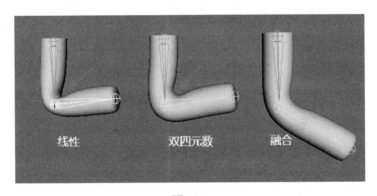

图 5-10

　　权重的归一化是蒙皮权重值的分配方式。默认情况下，Maya 会采用交互式的分配方式，在此方式下，经过蒙皮的所有点会按照骨骼对蒙皮的影响程度被统一分配权重，当某一顶点的权重发生改变时，周围其他受影响的权重会重新计算并记录所受权重值。比如将某个顶点的权重从 0.8 改为 1，那么这个顶点就独占相应关节的权重，该顶点也就不再受其他关节的影响。在权重归一化为交互式时，还可以使用权重分布选项调节蒙皮效果。默认情况下，通过计算蒙皮的顶点到骨骼之间的距离来分配权重，距离越近获得的权重影响就越大。有时候在一些蒙皮操作完成之后，某一处的顶点权重受到不相关骨骼的影响且波及的骨骼范围较广，就可以使用"相邻"方式去解决。

　　归一化权重选用"后期"时，Maya 会在关节弯曲时重新计算归一化的蒙皮权重，防止出现一些不正常的变形效果。多边形物体上没有存储任何归一化权重值，这使制作者在后期绘制权重或调节交互式绑定控制器，这不会让归一化的过程改变之前已有的蒙皮效果。因此该选项适用于"交互式蒙皮"（可参考本章的交互式蒙皮部分）的绑定。在 2022 版中，使用"交互式蒙皮"后，软件会自动选定此模式。选择此模式后，制作者可以在不干扰其他权重的情况下绘制或调整权重，并且在改变多边形时仍然可以进行蒙皮的归一化。

　　由于 Maya 在模型变形时会动态计算归一化权重值，因此我们无法查看 skinCluster 节点下的 weightList 属性中的归一化值。模型将使用归一化值改变形体，但 skinCluster 节点的实际权重可能会有一定范围内的改变。

"最大影响物"是指顶点权重受关节影响的最大数量。默认值为 5，也就意味着每个顶点可最多受 5 个关节的影响，这对于骨骼分布不太密集的蒙皮来说是比较多的。当骨骼分布不多，模型各部位距离比较近的时候，就会产生许多不必要的权重影响，继而导致蒙皮拉扯现象，这需要耗费大量的精力去解决蒙皮的细节。因此，对于骨骼分布较少的案例来说，可把该属性的数值改为 3 甚至是 2。

保持最大影响物选项启用后，Maya 将把任何蒙皮条件下的关节影响数量都限定在"最大影响物"所指定的数量。例如，如果"最大影响物"的（Max Influences）数值设置为 2，而在蒙皮绘制的过程中却为第 3 个关节绘制或设置了权重，那么 Maya 会自动把其他三个关节其中某个的权重设置为 0，以符合"最大影响物"（Max Influences）指定的数值总数量。因此该选项可能是一把双刃剑，如果忽略了最大影响物的限定性影响，在后期的绘制蒙皮过程中，可能导致蒙皮分布产生跳跃式断层。

"在创建时包含隐藏的选择"选项（Include hidden selection on creation），启用该选项可使绑定包含不可见的几何体。在默认情况下，绑定蒙皮必须是可见的几何体才能成功完成绑定操作。如果需要绑定不可见的几何体，则需要使用到该功能。

"衰减速率"（Dropoff Rate），当"绑定方法"（Bind Method）选项为"在层次中最近"（Closest in Hierarchy）或"最近距离"（Closest Distance）时，该选项才可使用。每个关节对特定顶点的影响会根据蒙皮点和关节之间的距离的不同而产生变化。可用于指定蒙皮点上每个关节的影响与该关节（和关节的骨骼）距离发生变化而产生数据变化。"衰减速率"（Dropoff Rate）越大，影响随距离变化而产生的降低速度就越快。"衰减速率"（Dropoff Rate）越小，每个关节所受的影响就越远。通过滑块指定在 0.1 和 10 之间的值。当这个范围的值不够时，可以输入最大为 100 的值。一般来说 0.1 到 10 的值已经能够满足大部分情况。默认值为 4，这为大多数角色提供了良好的变形效果。

分辨率（Resolution）选项适用于"绑定方法"（Bind Method）为"测地线体素"（Geodesic Voxel）时。体素与像素相同的是，它们都是可以增加或减少的，通过增加或减少体素化的精度可影响蒙皮的精度。Maya 是基于体素化的量计算权重，而这个量就是分辨率。体素的分辨率也不是越高越好，过高的分辨率可能导致绑定瑕疵。

交互式蒙皮与普通蒙皮的大多数功能和方法都是一致的，相对于普通蒙皮来说，它多了一个体积控制器，通过在视图中的体积控制器可直接操作蒙皮的影响范围，这是一种非常直观的操作方式，但是它在 Maya 中的诞生相对较晚，对于很多工作者来说，交互式蒙皮没有成为主流蒙皮方式。交互式蒙皮的体积类型可选胶囊和圆柱两种类型，胶囊类型的边缘过渡比较自然，更加适合于生物角色的蒙皮，也是 Maya 默认的体积方式。

第六节　绘制蒙皮权重

蒙皮的绑定步骤只是建立了一个初步的蒙皮绑定关系，这种绑定存在关节转折位置的局限性，会在几乎所有的关节转折处出现蒙皮不平滑的问题，为了纠正这些问题，蒙皮绑定之后还需要做蒙皮编辑和调整的工作。其中绘制蒙皮权重是 Maya 最重要也是最常用的蒙皮编辑工具，它通过一系列的功能组合为蒙皮工作带来强大的支持。其中主要是通过绘制顶点的方式从而影响其权重值的大小，也可以通过绘制方式选择或取消选择权重点。在已经蒙皮的模型上，通过鼠标右击模型上的任意位置，可选择激活绘制蒙皮权重工具面板。在弹出的工具面板中主要有影响物、渐变、笔画和显示等栏目。

在影响物面板中，可以清晰地观察并选择每一级骨骼，通过对骨骼的选择，可对模型的权重点进行选择或权重值的分配。影响物的排序上可选按字母顺序、按层级和平板三种。其中最常用的是按层级选择排序，它会按照所创建骨架的父子关系进行有序的层级排列，这样即使骨骼没有进行具有辨识性的命名，也可以根据层级关系快速找到需要的骨骼。对于已经进行了严格的骨骼命名的骨架，则可以选择按字母顺序排列。另外在关节列表里会以不同的颜色区分不同的骨骼，这种色块与视图中的骨骼颜色保持一致，所以也可以通过不同颜色的辨识度迅速找到对应的骨骼。同时在关节比较多的绑定中还可以通过使用过滤器精准定位并选择骨骼。使用固定图标相当于孤立显示模式，选中关节后点击固定图标，列表将只显示选中的关节，其他关节将被隐藏。然而它并不影响场景中关节的选择和操作。

在关节列表下还有一个非常有用的功能，复制和粘贴权重。该功能主要用于相邻的点的其中一个点的权重发生较大的错误时，可复制相邻点的正确权重并粘贴给错误的点，以修复错误点的蒙皮位置。与此相似的工具还有"权重锤"，该工具可选择多个出现错误的顶点并一键完成修复工作，当然不能过度依赖它，因为在某些特定造型的蒙皮效果被确定后，使用该工具可造成破坏性效应。"移动权重"工具会将选定顶点的权重值从第一个选定的对象（源）影响移动到其他选定目标的影响。单击移动权重图标（或选择"蒙皮菜单下的编辑平滑蒙皮通过将权重移动到影响"（Skin→Edit Smooth Skin→Move Weights To Influences））后，选定顶点的权重值将从选定源中移除，并重新指定给所选定的目标。

在工具模式下提供了绘制、选择和绘制选择三种模式。其中绘制模式可直接对接触到笔刷的点进行权重影响，包括增加权重与减少权重。选择模式下，主要是用于选择模型上的点，而不会改变权重值。这种模式看似功能单一，其实它配合权重值滑块的应用，在某些调条件下，其执行效率要高于绘制模式。如顶点排列较密的位置或是不易施展笔刷的重叠位置都可以通过选择模式去调整权重值。而"绘制选择"模式也可以实现与"选择"模式相似的效果，它提供了三种绘制选择方式，包括添加、移除和切换。在添加模式下，绘制的所有点都会被添加到选择状态中；在移除模式下，绘制的所有点都会被取消选择；在切换模式下，绘制的所有点会以鼠标点击的频率进行添加和移除的往复切换。在绘制模式下，Maya 提供了单独的绘制操作，包含替换、添加、缩放和平滑。替换模式下，笔刷将按照面板中设定的数值进行权重分配；添加模式下，笔刷将扩大权重影响范围；缩放模式下，笔刷会缩小权重影响范围；而平滑模式则用于权重分配不均导致的模型变形。

在笔刷的造型上，软件提供了高斯笔刷、软笔刷、硬笔刷、方笔刷和自定义笔刷。最常用的是软笔刷，它的特点是具有柔和的过渡，笔刷经过的位置不容易导致模型的突然变化。与之相似的是高斯笔刷，它类似平面软件中的高斯模糊，影响范围比较大，但影响的因子比较少，通常用于调整细节，以防止模型过度变形。与这两种笔刷相反的是硬笔刷和方笔刷，它们完全没有过渡模式，比较适合于某一特殊权重值下的单点操作。应用于多点的时候会造成模型不平滑的问题。方形笔刷和圆形笔刷唯一不同的是轮廓造型，因造型的不同可用于不同的蒙皮区域。在一些极端情况下，才可能用到自定义笔刷，它支持使用自己创建的图形文件作为笔刷的造型。

在归一化权重模式下还可分为交互式和后期。

● 交互式

选用交互式模式，Maya 会在添加或移除权重影响以及绘制蒙皮权重时进行归一化的自动操作。这也是默认方式。Maya 会计算某一权重点所受所有骨骼影响的比例，从而使所有点的权重总值为 1.0。例如，如果将权重从 1.0 更改为 0.2，则 Maya 将在邻近的受影响的关节中分配剩余的 0.8。如果需要也可以使用权重分布（Weight Distribution）设置进一步确定 Maya 在归一化过程中创建新权重的方式。

● 后期

启选用后期模式，Maya 会在多边形形态发生改变时计算归一化的蒙皮权重值，防止任何突兀或不正确的变形。模型上未存储任何归一化权重值，这可以让制作者继续绘制权重或调整"交互式绑定控制器"，而不会让归一化过程更改先前的蒙皮权重操作。选择该模式，也可以在不干扰其他影响权重的情况下绘制或改变权重，并且在网格变形时仍然可以进行蒙皮的归一化。

由于 Maya 在模型变形时会动态计算归一化权重值，因此我们无法查看

skinCluster 节点下的 weightList 属性中的归一化值。模型将使用归一化值进行变形，但 skinCluster 节点的实际权重值可能会受到数值的浮动影响。

如果采用交互式蒙皮绑定，软件会自动选定该模式。因此，对于交互式绑定，在网格变形之前不会归一化权重。

其他需要注意的选项：

不透明度选项可以产生更平滑的效果，从而获得更精细的模型。例如，当"值"（Value）为 1.0 时，且"不透明度"（Opacity）值为 0.5 时，绘制的权重则为 0.5，也就是说不透明度是对值的进一步细分。将"不透明度"（Opacity）的值设定为 0 时，笔刷不起作用。

最小值和最大值（Min/Max Value）选项用于设置笔刷可能产生的最小和最大绘制值。默认情况下，可以绘制介于 0 和 1 之间的权重值。设置最小值或最大值可以增大或缩小权重值的范围。负值会对权重产生限定效应。例如，如果将最小值设置为 – 0.5，最大值设置为 – 0.1，即使选择添加操作，在进行绘制时也会从蒙皮权重值中减去 0.5。

第七节　编辑蒙皮权重

除了绘制蒙皮权重功能外，Maya 还提供了丰富和编辑蒙皮权重的功能，用于辅助解决一些蒙皮上的问题，这些辅助方式不仅可以解决一些特定条件下的蒙皮问题，也逐渐成为提高效率的一种方式。

一、组装件编辑器（Component Editor）

组件编辑器把所有的模型顶点和受影响的骨骼以列表的形式呈现在软件中。如图 5-11 所示。制作者可以任意修改受骨骼控制的某个点的权重值。对于绑定的模型来说，需要选中相应的点才会出现在组件编辑器的列表中，每一个点所受不同骨骼影响的权重会以数值的形式反映出来。其权重值也是归一化组合方式，当一个点的权重值发生改变时，该点的所有受其他骨骼影响的权重值也都按比例发生改变。组件编辑器对于修改某些特殊情况下的顶点的极端权重值是很实用的，但是它并不适合大批量地修改权重，用于大批量修改权重时，会导致修改时间的增加，从而降低整体制作效率。组件编辑器也不仅仅适用于蒙皮权重的修改，它也提供了包括弹簧、粒子、加权变形器、刚性蒙皮、融合变形器、多边形等多种用途。例如，我们可以在多边形列表中通过点的数值修改视图中点的位置。

保持	joint1	joint2	joint3	总计
	off	off	off	
pCylinderShape1				
vtx[93]	0.396	0.604	0.000	1.000
vtx[94]	0.396	0.603	0.000	1.000
vtx[95]	0.396	0.604	0.000	1.000
vtx[113]	0.767	0.232	0.000	1.000
vtx[114]	0.766	0.234	0.000	1.000
vtx[115]	0.767	0.232	0.000	1.000
vtx[133]	0.971	0.028	0.000	1.000
vtx[134]	0.971	0.029	0.000	1.000
vtx[135]	0.971	0.028	0.000	1.000

图 5-11

二、复制蒙皮权重

"复制蒙皮权重"命令可以将平滑蒙皮的权重值从一个平滑蒙皮模型复制到另一个模型上，也允许对复制到对象组上。还可以通过选定的组件或某个顶点上进行复制和蒙皮权重的操作。复制蒙皮主要应用于相似模型上，如场景中有多个穿相同盔甲的士兵。就可以先把其中一个士兵的蒙皮调好，然后复制蒙皮权重到其他士兵的模型上。为保证复制效果及稳定性应具备以下条件：

- 布线结构。对于不是完全一致的模型来说，只要它的布线规律是一样的，同样可以使用这种方式提高工作效率。只需要对一些没有完全适配的权重进行分布调整即可。

- 骨架结构。参与复制权重的模型，还应该具有相同的骨架结构，如果骨架结构不同，极容易导致复制的权重发生错误。

- 模型比例。参与复制权重的模型还应该保持大致相同的比例，如果项目对比例有要求，如同一角色特征的模型，有的要求特别高大，有的要求矮小。那么应当在复制完权重之后再调整比例。

● 姿势。在复制操作之前，参与复制权重的模型还应具有相同的姿势，如果姿势有差别也会造成权重值的变化。

如果蒙皮模型具有不同数量的 CV，或者 CV 的顺序不一样，复制将自动排除这些差异并赋予相同类型的权重。如果想要将蒙皮的权重从较高分辨率的角色应用到低分辨率的角色，这会是非常合适的。

虽然 Maya 可以在不同类型的蒙皮模型之间复制蒙皮权重（如复制多边形网格的蒙皮权重至 NURBS 曲面或细分曲面），但是对于多边形模型来说，同类型的模型复制是最常用的方式。

在影响关联方式中可选"最近关节""最近骨骼""一对一""标签""名称"。"最近关节"模式下，参与复制的模型彼此以最为相似的关节作为复制参考物，进行两个角色之间的关联复制，这是 Maya 的默认关联方式。"最近骨骼"适合于两个模型的关节结构并不完全一样，而骨架的结构又相同的情况。"一对一"模式适合参与复制的角色具有相同的骨架层次。"标签"模式适合已经对关节进行了自定义的标签命名的情况。"名称"适合两套骨骼命名方式基本一致的情况。

三、镜像蒙皮权重

镜像蒙皮支持两种方式：从一个蒙皮的角色上镜像到另一个角色上；在同一个角色上以自身坐标系为中心进行左右的镜像。由于该功能的存在，可以使制作者只专注于角色的一侧的蒙皮调整就行，另一侧使用一键方式镜像出来。为保证镜像的效果需要满足以下条件：

● 蒙皮的对象要位于世界坐标系的中心位置。

● 蒙皮的模型要两侧保持高度的一致性，包括模型结构和布线都保持一致。

● 绑定蒙皮的骨骼左右要高度一致。主要是关节的数量和骨骼的形态要两侧相同。

镜像平面有三种方式可选，分别为 XY、YZ、XZ，这三种平面方式都是以世界坐标系为参考，其中 YZ 和 XY 方式更适合于角色的蒙皮镜像。在镜像方向上默认方式为从正向到负向，如果不勾选方向选项意味着镜像方式是从负向到正向。因此 Maya 的蒙皮镜像不需要选择任何顶点，而是一种以坐标系为中心的整体镜像方式。影响关联物是确定影响蒙皮的模型下的组件如何在源物体和目标物体之间关联。为了确保最佳的相关性，"影响关联"（Influence Association）选项在最多两次的迭代中形成。可以从每个级别下的列表中为每次迭代设置需要"影响关联"（Influence Association）的类型。根据要比较的两个蒙皮模型的情况，设定"影响关联"的类型（Influence Association）。当一次迭代完成后，下一次迭代将在剩余关节上继续使用所指定的"影响关联"类型（Influence Association）。如果确定只需一次迭代，可将另一个"影响关联"（Influence Association）级别设置为"无"（None），这样就不会引发下一次迭代。

四、移动蒙皮关节

移动蒙皮关节是一项非常简单且实用的命令。它支持在不解绑蒙皮的情况下对关节的位置进行改变。在制作过程中，经常会遇到发现关节位置不合理的情况，而在默认情况下已经绑定蒙皮的骨骼是不支持仅对骨骼位置进行改变的，当骨骼位置发生改变时，蒙皮也会跟随一起发生改变。使用该命令，可针对所选的骨骼进行骨骼上的位移而不使蒙皮发生任何变化。这是一种暂时性地取消骨骼对蒙皮影响的机制。当移动完成后，再次选择骨骼并移动的时候，就会发现骨骼已经恢复了对蒙皮的影响。

第八节　HumanIK

HumanIK 是 Maya 集成的一个主要适用于两足动物的骨骼系统，该骨骼系统对 IK 和 FK 进行了真正的无缝融合，我们可以在不用切换开关的情况下，对 IK 或 FK 实现无缝操作。这一优势为庞大的动画工作提供了一个高效的方案。同时，它对动作捕捉数据的使用也是极其方便的，我们可以随时导入一个动作捕捉数据并对其进行编辑。

HumanIK 的骨架是设置两足动物角色动画的基础关节和骨骼关系。骨架的层级关系基本与自建骨架的特点保持一致。骨架层次中上一级是下一级的父关节。例如肘部关节是腕部关节的父物体，是肩部关节的子物体。根关节是骨架层级中第一个创建的或最上级的关节。HumanIK 的控制系统可以使用下列方法设置骨骼动画：正向运动（FK），反向运动（IK）或使用 IK/FK 融合。使用正向运动，可以直接位移关节和并记录关节的关键帧，而不是使用 IK 控制器设置骨架动画。正向运动对于创建具有随动的动作非常有用，但对于具有目标导向的动作不是很直观，往往需要复杂的操作。例如使用 FK 控制器做动画可以轻松地设置手臂关节的旋转动作，却难以实现伸手拿杯子的动作。使用反向运动（IK 控制器），可以移动 IK 控制器并设置它的关键帧来记录骨架动画。IK 控制器表现为其 IK 链的根关节和末端关节之间的一条直线。IK 控制器对关节链的影响取决于 IK 控制器使用的 IK 解算器的类型。

默认情况下创建的 HumanIK，是一套不带控制器的骨架。骨架按照真人的比例生成并保持"T-pose"状态。如果对骨架的比例不适合项目要求，也可以选择骨骼并通过位移的方式对关节位置进行调整。还以通过角色比例项对骨架进行等比例放大或缩小。脊椎的默认数量为 3，对于普通的项目来说 3 节脊柱能够满足需求，而对于一些躯干比较长的角色来说，也可以手动增加脊椎的数量而不使比例发生改变。颈部默认关节数量为 1，也可以根据项目要求和特征增加关节。肩部关节一般保持 1 个关节即可。在侧滚骨骼里，分别可对上臂、下臂、大腿和小腿分别设置不同的侧滚熟练。这一设置主要用于骨骼的旋转，避免单一骨骼旋转时对模型产生的扭曲多度。上臂和下臂的侧滚一般来说是应用得比较普遍的，腿部的侧滚使用 FK 或 IK 控制可满足大多数的需求。HumanIK 解算器将侧滚的旋转应用到具有一个子侧滚关节的关节时，则会从关节点提取该侧滚关节的百分比，并将其应用到子侧滚关节。这一过程称为侧滚提取。侧滚提取会模拟两足动物和四足动物的胳膊和腿围绕其关节旋转的实际方式。通过从更具体的位置继续沿着肢体方向影响蒙皮变形，可大幅度提高由蒙皮角色所创建的动画的真实感。每个肢体骨骼最多映射五个侧滚关节。所有侧滚关节均被设置为同一肢体骨骼的子物体，且沿该肢体骨骼的侧滚关节放置以及每个侧滚关节旋转的百分比由每个肢体的侧滚关节数量决定。如果肢体有多个侧滚关节，将在这些骨关节之间共享旋转的百分比。此设置的作用旨在角色的整体位移、旋转以及缩放的可选存储库。可将其视为角色的髋关节的抽象父对象。在大多数情况下，不需要使用参照节点。参照节点主要用于一些特定情况，例如，模型的髋部包含定义了角色的整体平移、旋转和缩放的父对象时。在这种情况下，使用参照节点可以方便地将数据从父对象同步到 HumanIK。

进行动画重定目标时，可以指示 HumanIK 来强制目标角色精确遵循源角色的移动比例。在这种情况下，使用参照节点是修改目标角色的整体平移、旋转和缩放的唯一方法。

在手指骨骼部分可以进行高度的定制，不仅可以对已有的五根手指进行单独删除和恢复操作，还可以增加或减少指关节的数量。也可以对指根和手内侧骨骼进行单独设置。脚趾骨骼与手指骨骼的设置基本相同。

骨架创建后可通过控制绑定功能实现一键绑定，通过点击角色控制面板下的"创建控制绑定"图标或选择角色控制面板下的源选项中的"控制绑定"都可完成一键绑定功能。创建控制绑定后，Maya 会自动进入到角色控制面板。通过角色控制面板的圆球形控制器可控制角色的关节的旋转和移动。

对于 HumanIK 来说虽然 FK 和 IK 的概念已经不再那么清晰，IK（反向运动）对具有目标导向的移动仍然非常有用，在某些动作上可以轻松实现，例如，使用 IK 来制作去取一个手机的手臂的动画，但是不能使用它来设置每个关节的特定动作，也就无法实现随动效果。而在 HumanIK 系统中则可以在任意关节上同时使用 FK 和 IK，一般不单独使用 FK 或 IK 来调整关节的姿势和动画。

IKHandle 上的"IK 融合"（IK Blend）选项允许使用者对同一关节使用 FK 和 IK 动画。（注："IK 融合"（IK Blend）选项无论是否开启或开启到何种程度都不影响控制器的调节效果，它会对曲线控制器的反向控制产生影响，同时会影响由根关节控制器产生的运动导致的附带的位置变化）。当 IK 融合值为 0 时，曲线对骨骼动作完全产生影响；当 IK 融合值为 0 时，曲线不再对骨骼动作产生影响。IK 拉动选项则可以实现当一个关节产生移动时，其他关节即使已经超出固有位置也会跟随所选关节一起运动，而这一功能也仅限于曲线操作才有用，当需要控制器也能拉动整个身体时，需要开启全身模式。融合 IK 和 FK 对于调整曲线对动画的影响方面是非常重要的。例如，在修改动作时，对于某个时间下的动作进行精确的定位时，通过曲线控制动作则更具精准性。

在角色控制器视图中点击任意黑色区域，所有控制器都会被一起选中，这适合用于动画角色的整体剟帧。在角色控制器的顶部有一系列的控制功能也是非常有用的。例如分别为 FK、IK 及骨架的显示与隐藏功能，在动作的制作过程中，由于 HumanIK 已经具有了完备的 FK 和 IK 的混合方案，所以角色的骨架已经不需要显示了。这一点与 Maya 骨骼有所不同，Maya 自带的骨骼的关节本身也是 FK。HumanIK 的 FK 和骨骼是相对独立的。场景中呈黄色显示的是 FK，它基本与骨架的结构保持一致，但具有更明显的观感特征和更方便的选择性。在控制模式上可分为"全身"模式和"身体部位"模式。使用全身模式选择任意控制器并拖动控制器，都会对整个身体产生连动影响。这在很大程度上降低了其他关节的 K 帧频率，因而有利于提高动画制作效率。在该模式下，使用 IK 融合选项或者"固定平移"和"固定选择"选项可让施加影响的关节不再跟随主动关节产生运动。HumanIK 还提供了一个恢复"初始姿势"的选项，点击该功能的图标，可让身体的姿势迅速回到标准姿势状态，这可以为制作下一个动作提供更原始的姿势和数据。

HumanIK 也可以直接使用运动捕捉数据库，只需要把运动捕捉数据库文件拖入场景中，然后在角色控制面板的"源"选项中更改为运动捕捉的数据即可完成运动数据与角色的匹配。在任意圆形控制器上都可以通过鼠标右键添加枢轴控制器，添加枢轴控制器后，其关节将实现双重控制。由于轴心位置不同，所达到的效果也就不同。HumanIK 默认情况下没有脚跟控制器，可用该设置为脚踝关节设置脚跟控制器。脚跟控制器也可通过 IK 融合等相关参数的调整以实现曲线对骨骼的控制。如果需用控制装置来控制角色，可固定住效应器，以便限制身体的位移并影响其他关节相对于固定的效应器的行为方式。这可用于选择性地控制角色部位，而不会影响到所有骨骼层级。如果固定两个腕部和踝部的位移和旋转，可以看到无论怎样移动角色的身体，手腕和脚踝仍保持在原有的位置。枢轴效应器也可用于快速定义，以及为 IK 控制装置效应器的多个旋转枢轴点设置动画。可以将枢轴的中心点用于任何角色关节，这些枢轴点非常适用于具有多个旋转点的角色的脚或手的控制装置。例如，通过角色的脚部关节的控制器创建多个枢轴效应器，脚部控制系统就可以围绕多个独立的枢轴点进行旋转，这可用于创建自然的循环走路动作。设定关键帧时也可以在枢轴点之间来回切换，从而使脚围绕脚尖、脚趾根部、脚跟甚至脚的侧面进行旋转。枢轴效应器基于其创建的关节控制效应器的位置，因此枢轴效应器在控制视图中没有单独的位置，但在场景中已经具有明确的显示特征和选择的可操作性。对任何枢轴效应器的旋转也会对关节控制器产生相应的影响，从运动数据上来说等同于对效应器自身进行操纵。如图 5-12 所示，已为其中的一只脚创建了三个枢轴效应器，三个效应器是并列关系，其功能和使用方法也完全一致。

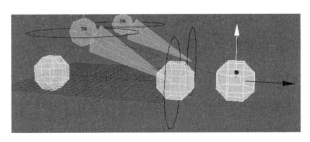

图 5-12

辅助效应器的主要作用是固定关节，在运动捕捉的数据中，很多动作都出现了抖动的情况，如脚部的无规律滑动等。通过使用烘焙功能，把运动捕捉的数据烘焙到 HumanIK 的控制器上，再对脚踝控制器添加辅助效应器就可以完全固定住脚部，也可以通过使用 IK 融合选项对脚的滑动进行平移和旋转的分类控制以及它们的权重分配。在很多时候，使用了辅助效应器后，还需要对所固定的部位再次手动创建动作以弥补所在关节完全不动的情况。

HumanIK 也提供了自定义映射骨骼的功能，利用此功能可将已有的骨骼赋予 HumanIK 的控制系统。为了保证自建骨架能够与 HumanIK 控制系统相适应，需要养成一个标准骨骼搭建的习惯。在骨骼映射方面，HumanIK 提供了两种映射方式：手动映射和自动映射。手动映射只需把相应的骨骼指定到对应的自定义图表中。指定好每一级关节再创建控制系统就能完成骨骼的绑定。而自动映射则需要自建的骨骼按照 HumanIK 的方式命名，在命名完全符合要求的情况下，可一键自动建立控制系统。

第九节　约　束

约束是 Maya 绑定中必不可少的一环。通过约束功能可将某个对象的位置、比例或方向通过约束关系影响其他对象的相应参数发生改变，它可以让某些动态效果因关联关系而发生连动效果。Maya 的约束类型多达十几种，但几乎所有约束都以相似的方式运转，只是影响的属性不完全相同。Maya 支持多个对象间的约束，当只有两个对象参与约束的时候，第一个被选择的是约束对象，最后一个被选择是被约束对象。当有多个对象参与约束的时候，则最后一个选择的对象是被约束对象，其他都是约束对象。被约束的对象会在大纲视图的所在条目下生成一个约束节点，可使用这个约束节点调节相应的参数以影响约束效果。当不再需要约束行为时，可把此节点删除，即完成了取消约束的操作。

一、点约束

点约束常用于改变对象的位置。是一种通过一个对象的改变驱动另一个对象位置的改变的方法。在绑定流程中需要使用点约束是由于骨骼位于模型的中心位置，这不利于制作者去选中并操作骨骼动画。在动画制作过程中，动画组的工作非常繁杂，因此每一次选择的时间的节省就是整个项目效率的体现。

- 保持偏移：在参与约束的两个对象中，很多时候都具有各自的空间位置信息，当执行约束操作后，会因为约束关系导致被约束的对象发生位置改变，启用"保持偏移"选项，可保持被约束对象的空间位置不发生改变。

- 偏移：用于改变被约束对象的位置，它支持三个轴向的单独操作，在任意轴向上输入相应的数值，在执行完约束操作后，即可向具有数值信息的轴向发生相应的位置改变。

- 动画层：可用于向指定的动画层中添加点约束。默认模式下 Maya 会将动画层设置为覆盖模式，使用覆盖模式可阻隔基于下层的动画效果，这可以欢迎约束的真实效果。

- 约束轴：Maya 提供了三个轴向的分布约束的选项，以便于有单个轴向约束的需求。默认情况下约束轴会被全部启用，也就是三个轴向都形成约束效果。

- 权重：用于调整约束对象对被约束对象的影响程度。当值为 1 时，表示完全被约束。

二、父子约束

父子约束可用于约束对象对被约束对象的旋转和位移的控制。当执行完父子约束操作后，我们可以发现，父子约束和父子关系产生的效果非常相似，都会对被影响对象的位移和旋转产生直接影响。两者不同的是，父子关系中的两个对象，是包含与被包含的关系，子物体从属于父物体。在大纲视图中，子物体是父物体的低级关系。而在父子约束中，被约束对象和约束对象处于同级关系。另外父子关系中的子物体允许自身运动并记录动画，而父子约束中的被约束对象不允许做自身动画，当约束对象产生空间变化时，被约束对象会恢复到初始状态。在通道面板里，被约束对象的平移和旋转选项均被占用并。如图 5-13 所示。父子约束常用于角色的根关节，角色的根关节负责身体的前进和后退，同时还负责身体的弯曲动作，所以根关节控制器既需要位移约束也需要旋转约束，二者缺一不可。

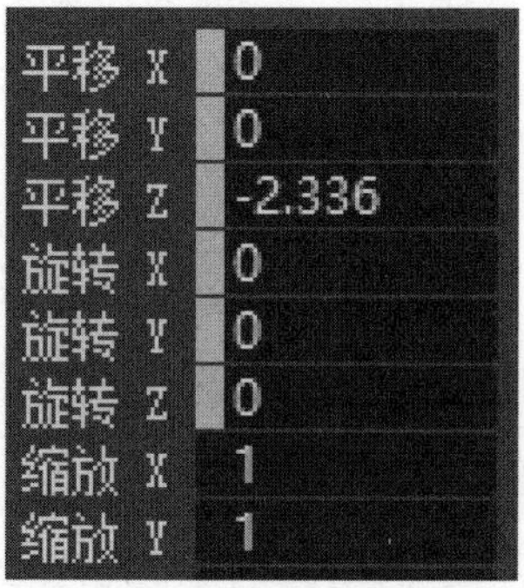

平移 X	0
平移 Y	0
平移 Z	-2.336
旋转 X	0
旋转 Y	0
旋转 Z	0
缩放 X	1
缩放 Y	1

图 5-13

三、方向约束

方向约束用于控制对象的旋转动作，它仅对旋转轴起作用。方向约束也是角色动画中应用得最多的约束方式之一。在角色的每一个关节中都需要用到旋转动画，因此对不需要使用位移操作的关节的约束只能使用方向约束。由于骨骼有其自身旋转轴向，所以当约束执行时发生旋转动作，应启用保持偏移选项。方向约束也可以对单个轴向进行约束，分步启用 X、Y、Z 中的任意一个轴向即可完成单轴向约束。方向约束也支持权重的调节，通过赋予不同的权重值决定被约束对象的受影响程度，默认情况下，权重值为 1，受影响程度也最大。

四、目标约束

目标约束也用于控制被约束对象的方向，但与方向约束不同的是，目标约束是用约束对象的位移数据控制被约束对象的旋转状态。而方向约束是用约束对象的旋转数据控制被约束对象的旋转状态。因此，目标约束是一种瞄准型约束，它就好像是一个卫星定位装置一样，约束对象走到哪里，被约束对象的目标就指向哪里。目标约束常用于角色的眼睛设置，也用于摄影机设置中，以跟踪被拍摄对象。

受约束物体的方向受三个向量影响：目标向量、上方向和世界上方向向量。这三种向量不会显示在视图或大纲视图中，但通过受约束对象的状态可以感受到不同的效果。一般情况下不需要解这些向量的运行机制的详细信息。大多数情况下我们只需要只用一个简单的操作即可，如果要对目标约束实现更灵活的控制，就需要了解这些向量所带来的不同效果。另外，熟悉这些向量也可帮助我们了解受约束对象怎样实现突然侧滚效果。如果目标向量和上方向向量共线或者"世界上方向类型"为"无"时，"目标"（Aim）约束可能会出现更新问题。

这些约束是以旋转对象的方式运行，以使目标向量指向所需要的方向。通过围绕目标向量扭曲对象，以使上方向向量的指向尽可能接近世界上方向向量。如果目标向量和上方向向量指向的是同一方向，那就不可能进行该位置的第二个旋转。无论对象以何种方式围绕目标向量旋转，上方向向量都不会更加靠近世界上方向向量。

由于它允许受约束对象指向任何方向而不产生翻转，因此在动画制作过程中可能会成为一个必要的效果。它的旋转量最小，以利于目标向量瞄准对象。但是，它会从当前的位置再次旋转。如果不总是对相同的帧序列求值，则得不到相同的结果。这将对渲染环节产生不利的影响，应尽量避免该情况。

五、极向量约束

极向量约束是针对 IK 控制器的一种约束，它用于控制 IK 的方向。它的作用类似目标约束，极向量控制器就是 IK 的目标，随着控制器的移动 IK 也跟随控制器旋转。极向量约束在腿部关节的绑定上是必须使用的一种约束，只有赋予了极向量约束的腿部骨骼，才能够准确控制膝盖的方向。极向量约束完成后，其目标控制器不受其他对象影响，这就意味着当角色移动的时候，极向量控制器会保留在原地，这样就会造成腿部的方向出现问题。为了避免这个问题，可把极向量控制器设置为 IK 的子物体。

六、多边形上的点约束

该约束是通过多边形上的某一个顶点（也可以使用边或面）约束其他对象，这个对象包括多边形物体、曲面或曲线等。当多边形的顶点或顶点所在的模型本身发生空间信息的改变时，被约束的对象也跟随发生改变。这种方法尤其适合约束服装上的一些装饰物，如铆钉、纽扣等小装饰物。约束对象和被约束对象在空间位置上形成了父子关系的作用，但在层级关系上却是互相独立的，这不会影响被约束对象本身的一些操作。如在给约束对象赋予材质时，被约束对象并不会一起被选中，而父子关系则无法实现这样的效果。另外父子关系也不支持精确的定位约束，这也是"多边形上的点约束"的一个特性。"多边形上的点约束"也可以通过通道面板设置被约束对象的位移和旋转状态，通过这一组参数，可更加准确地放置被约束对象的位置。

注：可通过通道面板下的约束选项中的相关偏移值进行操作，使用通道面板的模型自身参数无法改变位置，使用视图中的控制手柄虽然可以改变位置，但约束对象发生位置改变时，被约束对象会复位。一般情况下通道面板中因新加属性而产生的参数选项也可以在属性面板中找到相应的节点属性栏并可以像通道面板的参数一样做出数值改变。

七、连接到运动路径

该功能用于制作路径动画。通过使用场景中的一个多边形对象和一条作为路径的曲线实现多边形对象的运动效果。对于飞行器动画来说，这是一个常用的功能。

- 时间范围：选用时间滑块方式，Maya 会在现有的时间滑块范围内创建动画的起始帧，同时在曲线上会标注起始时间标签，对象已经连接到。此时再更改时间滑块为其他时间，动画的时间范围仍然保持不变，需要调整时间范围可通过移动关键帧实现。当需要路径动画限定在特定范围内时，可使用"开始/结束"模式，在此模式下，可手动输入动画开始的起始帧。

- 跟随：启用该选项，Maya 将会在执行命令时自动完成运动主体自身方向。默认它以运动主体的自身坐标系的 X 轴为前进方向，也可选择自身坐标系的 Y 轴或 Z 轴作为前进方向。与方向轴协同控制物体的自身方向。

- 场景上方向（Scene Up）

  该选项指定的上方向向量将与场景上方向轴对齐（默认情况下场景上方向与世界上方向是一致的，通过设置窗口可修改场景上方向，而世界上方向是永远固定不变的）。世界上方向向量会被忽略。可以设置"首选项"（Preferences）窗口指定场景的上方向轴。默认场景上方向轴是世界坐标系的正 Y 轴。

- 对象上方向（Object Up）

  该模式不与世界上方向向量对齐，指定的上方向向量将指向选定对象的原点。该对象也叫做世界上方向对象，可通过"世界上方向对象"（World Up Object）相关选项设置。如果没有指定世界上方向对象，上方向向量将会尝试指向场景世界空间的原点。在此模式下世界上方向向量会被忽略。

- 对象旋转上方向（Object Rotation Up）

  该模式用于指定模型自身的上方向为世界上方向向量。上方向向量将要对准原点的对象被称为世界上方向对象。可使用"世界上方向对象"（World Up Object）相关选项指定世界上方向对象。在相对于场景的世界空间改变上方向向量后，软件会与世界上方向向量对齐。

- 向量（Vector）

在默认情况下，世界上方向向量跟场景的世界坐标系是一致的。该模式指定的上方向向量与世界上方向向量以较近的距离对齐。"使用世界上方向向量"（Use World Up Vector）用以指定世界上方向向量相对于场景世界坐标的位置。

- 法线（Normal）

该模式主要基于曲面上的线。"上方向轴"（Up Axis）指定的轴将匹配曲线上的法线。曲线法线的值不同，由路径曲线是世界空间中的曲线还是曲面中曲线上的曲线决定。如果世界空间中的曲线作为路径曲线，那么曲线法线就是曲面上任何一点指向曲线的曲率中心的方向。需要强调的是，当曲线由凸面改为凹面形状时，曲线的法线会翻转 180 度。当在路径中使用了世界空间曲线时，不太适用于"上方向"（Up Direction）的"法线"（Normal）的选项。如果曲面上的曲线作为路径曲线，那么到曲线的法线是曲面上的点到曲面的法线。此时，"法线"（Normal）选项将呈现最直观的结果。

第十节　形变编辑器（BlendShape）

形变编辑器是 Maya 中重要的表情制作工具和管理方式。在形变编辑器中可对多边形物体创建融合变形器，这是变形动画的基础节点，在此基础上添加的目标节点为实际的形变管理节点。通过目标节点可对模型的顶点作出位置改变并记录形变的过程，这也是表情动画产生的过程。而产生形变的多边形也被称为基础对象。形变编辑器也支持对"组"变形，只需要对选择的多边形执行打组操作。也可以选择多个对象使基础对象变形，这适合于多人协同制作表情。

使用复制目标可以在原位置复制出一个一模一样的形态变化，该变化与基础对象的位置重合，但是在形变编辑器面板中可观察到已经增加了一个"copy"选项。复制目标的功能一般要配合翻转目标命令实现镜像效果。复制目标前要设置基础对象的权重值为0，如果该值为0以上的权重，复制的目标将在此数值上倍增，最终导致两侧的形变幅度不一致（也可以使用重置功能对复制出来的权重节点进行复位）。如果需要使用一个目标权重控制对称物体的两侧，则需要使用镜像目标，镜像操作也同样需要在操作之前把基础对象的权重值设为1。对于通过使用翻转目标得到的另一个目标权重，也可以使用合并目标来得到一个两侧都受目标权重影响的变形体。翻转目标和镜像目标都可以使用相关的轴向参数对其操作的方向作出改变。在既有目标上还可以添加中间帧目标，这在幅度较大的表情中是非常实用的。它可以在任意选择的目标权重值上添加一个中间帧选项，新增的中间帧选项将以原有目标权重的子值出现，子值不仅可以调整权重数值，还可以编辑和记录形态。如图 5-14 所示。例如在制作嘴角上扬的表情后，希望嘴角的轮廓在中间位置呈弧线效果，可用中间帧编辑点的方式获得。

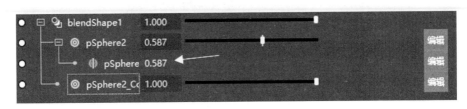

图 5-14

- 融合形变变形器：基于基础对象上的所有融合形变变形器的节点。该节点也是包含所有目标形状的"容器"。融合形变变形器的权重值影响所有目标权重。在形变编辑器面板中可使用鼠标拖动并更改融合变形器的顺序及层级关系，也可以把融合变形器拖动到另一个融合变形器上，形成新的群组关系（呈墨绿色显示）。在融合形变变形器列表中单击鼠标右键，可见常用功能。

● 目标形状：也可以叫做"变形目标"，它是变形器中的最基本组成形式，所有的顶点空间位置数据被保存在变形目标中。通过使用目标形状中编辑功能可对模型的造型进行调整并记录产生的结果。在目标形状列表上单击鼠标右键，可见常用功能。其中使用最多是包括：复制目标、翻转目标、组合目标等。

第六章　动作模块及其主要编辑器

第一节　曲线编辑器及时间轴

动作模块在 Maya 里又叫动画模块，是三维动画中的核心模块之一。其中制作动画的最主要工具就是曲线编辑器和时间轴。曲线编辑器和时间轴的部分功能是互相重合的，比如设置关键帧、删除关键帧以及调整动作节奏等功能在时间编辑器和时间轴里都可以实现。在实际制作过程中，每位动画师都会根据自己的习惯选用曲线编辑器或是时间轴。时间轴的优势是它不占用有限的屏幕空间，通过很小的屏占比就可以进入到动画工作中。曲线编辑器的功能会更丰富，可对动作进行更加细腻的编辑。

一、曲线编辑器基本功能分析

在工作区选项中可选择动画工作空间，界面就进入到适合编辑动画的组合方式中。位于最底部的面板就是曲线编辑器。以普通几何体为例，创建几何体后，曲线编辑器不存在任何曲线。当对几何体进行关键帧设置后，可见曲线编辑器中已经形成了相应的曲线。如图 6-1 所示。

在此面板中，可以看到几何体通道中的基本属性已经进入到编辑器的左侧列表中，包括平移、旋转、缩放和可见性，其中可见性使用较少，在多数情况下可以对其进行锁定设置，这样是为了当动画曲线不断增多时，减少图标中的曲线的量。在右侧的曲线图表中已经生成了相应的曲线，每一个基本属性都对应一条可编辑曲线，并与几何体的自身坐标显示色彩保持一致，曲线也以红、绿、蓝三色区别几何体的轴向。

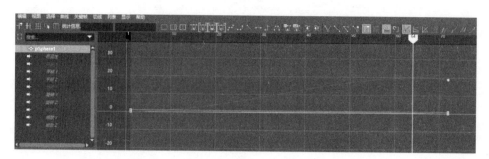

图 6-1

在左侧列表中选择相应的轴向，图表面板就会隐藏其他没有被选择的曲线，通过单个选择并显示曲线的方式，更加利于对动画的细节进行深入的调整。同样也可以使用鼠标划选多个轴向或配合"Ctrl"键点选多个轴向，这对于编辑同类曲线是有必要的。默认情况下，曲线会最大化显示在图表当中，如需要对曲线进行放大或缩小操作，可采用 Maya 平面视图的控制方式。通过配合"alt"＋"Shift"键和拖动鼠标还可以对图表进行平面轴向上的挤压操作，这种挤压操作只是一种显示方式，它没有改变被选择物体的动态数值。

通过控制曲线上的相应关键帧可以对选择的对象的动画直接产生影响。如选择平移 Z 曲线向上拖动，可发现场景中的对象在沿 Z 轴移动；如果把曲线上的关键帧向下拖动，可发现场景中的对象会沿 Z 轴反方向移动。旋转和缩放曲线也是同样的操作方式。因此，我们可以判断，关键帧的上下位置就是对象的动态数据，在没有打开"自动关键帧"的情况下，曲线上的关键帧可以控制场景中的对象的空间位置变化，但场景中的几何体的位置改变不会影响曲线的数据变化。在此条件下，当时间轴发生改变时，场景中的物体会恢复到原始状态。如果需要选择的对象直接影响曲线关键帧的记录，则需要打开位于时间轴播放按钮下的"自动记录关键帧功能"，在此功能打开后，场景中的任意对象发生位置改变，都会被记录成动画数值。因此，这也是一个有利有弊的功能，在很多疏忽的情况下，可造成无用的关键帧记录，导致有用的数据被覆盖。

在曲线编辑器的功能栏中还有一系列的曲线辅助和调节工具。其中有一些工具在动画制作过程中是必不可少且被高频使用的。

　　移动最近拾取的关键帧工具：该工具可通过使用鼠标来调整曲线和图表中的关键帧。但是它与常用的"移动工具"并不是完全一样的。该工具在选择曲线时不可移动曲线的时间或位置，也无法对曲线两端的切线进行同步操作。而"移动工具"则恰好相反，它支持对曲线的双维改变，也支持通过选择曲线对曲线两端的切线同步调整。也就意味着"移动工具"是高度灵活的，在调整渐入渐出效果时，可起到事半功倍的效果。而"移动最近拾取的关键帧"工具则是更有针对性地对某一帧或某一切线进行具体操作，在进行一些局部动作的微调节时，这种方式相对稳定一些。另外配合快捷键"Shift＋9"和"Shift＋0"可对选择的关键帧进行逐帧前进或后退的操作，用于观察细微效果。

- 插入关键帧工具：该工具可用于在任意选择的曲线的任何位置上插入一个或一列关键帧，当选择多个曲线时，通过该工具可在同一时间位置上为所有曲线插入关键帧。这相对于设置关键帧快捷键来说，具有更强的针对性。在动画制作的细节调整阶段，这一工具的使用是非常多的。

- 晶格变形关键帧：该工具支持对曲线或曲线上的关键帧使用晶格操作，可选择单个曲线或多个曲线，也可选择多个关键帧（虽然也支持单个关键帧，但晶格操作方式对于单个点是没有意义的）。而且它是一种实时晶格，选择时即建立晶格，取消选择晶格会自动消失。这对于大量的曲线调节工作来说是极其方便的，尤其在控制动画节奏方面，可以随时对选择的帧范围进行时间调整。通过双击晶格工具，还可以激活晶格设置面板，该面板支持对晶格的二维控制器进行双向调节，也可以对衰减值进行改变，这可以让晶格对动画的影响更加细腻准确。

- 区域工具：可应用于选择的关键帧和选择的曲线。当选择曲线或多个关键帧时，"区域工具"会在其选择范围内自动生成一个矩形控制器。通过矩形控制器两个轴向的操纵杆，可调整曲线的变化。上下操纵杆调整动画的幅度，左右操纵杆调整动画的时间。同时还可以对选择的帧或曲线执行位移操作。"区域工具"与"晶格变形关键帧"有着相似的作用，但晶格对曲线可进行其二维平面内的细分控制，而"区域工具"只有一个外轮廓可调。因此，"区域工具"主要针对曲线的整体控制，而"晶格变形关键帧"可更加细致地编辑曲线。例如使"晶格变形关键帧"可在"烘焙每一帧的"的曲线的基础上再制作一个波浪形效果。

- 调整时间工具：该工具只适合用来修改曲线的时间，不能用于调整动画幅度。选中该工具后，需要双击鼠标的左键在曲线图表中添加一个黄色的"定位控制器"，可在其他位置通过双击的方式继续添加"定位控制器"组成一个"门形"控制器或"栅格"控制器，如图 6-2 所示。

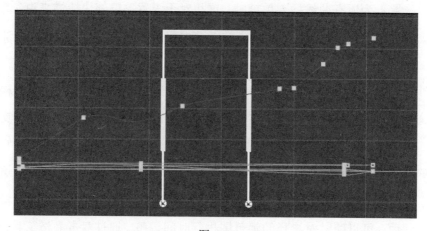

图 6-2

当只有一个"定位控制器"时，该控制器的作用只限于对已显示曲线的时间位移操作，也就是只能控制起始时间的偏移。当添加为两个控制器的时候，组成的"门形"控制器可对已显示的曲线进行时间位移和区域内的时间进行缩放操作。选中竖向控制器的任意一个，都可对影响范围内时间进行缩放调节。而区域外的时间则不受影响。与"晶格变形关键帧"或"区域工具"相比，"调整时间工具"可用于曲线的任何一个位置，而"晶格变形关键帧"和"区域工具"只能用于关键帧或曲线上。对于手动制作的动画来说，并不会在每一帧时间上都设置关键帧。因此使用"晶格变形关键帧"和"区域工具"并不能把任意位置作为其影响范围，它需要有关键帧的基点。因此，"调整时间工具"更适用于手 K 动画的节奏调节。当有多个"定位控制器"时，也可通过选择控制器的横轴对任意两个控制器范围内的曲线进行时间调节。对于不需要的"定位控制器"也可以通过双击鼠标的方式或是利用控制器底部的删除符号进行删掉。以上控制方式不再需要时，可按键盘 Q 键取消相关操作。

二、曲线的切线方式及其表现效果分析

曲线编辑器内的每个动画曲线的每一个关键帧都有自己的切线控制杆，使用切线控制杆可以控制所在关键帧与前后关键帧的时间权重比例，因此切线控制杆也叫权重杆。切线控制杆的两端分别控制着关键帧的退出和进入，当其中一个杆的形态发生变化时，也就意味着其权重比例也在发生着改变。所以当关键帧不变的情况下，切线控制杆其实成了主要的节奏控制方式。

切线类型一共分为以下几种：样条线、线性、钳制、阶跃、平坦、固定、高原等。这些类型的使用一般要根据动画的运动特点或身体部位去做选择。在一些要求较高的情况下，还需要手动调节切线效果。

- 样条线：样条线的切线方向没有固定的形态，如果曲线中有多个关键帧的话，我们可以发现它的每一个关键帧的切线方向都是不一样的，如图 6-3 所示。它是软件根据现有关键帧的位置特点计算出来的一条非常平滑的曲线，因此它的动画效果也是非常柔和平滑的。此类曲线常用于骨骼的关节动画效果，可让动画效果看起来更加柔软，因此它

131

适合大多数的角色动画。但这类切线方式不适合用于脚部等具有位置限定性特征的部位。例如，在做走路动作时，角色脚部着地以后，其 Y 轴动作已经位于最低值，而样条线的自动结算结果可能导致 Y 轴在脚部着地后继续向下的动作，这样就会导致鞋跟进入地面以下的问题。如图 6-4 所示。

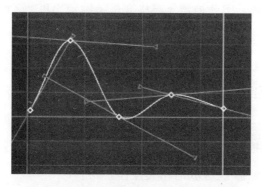

图 6-3

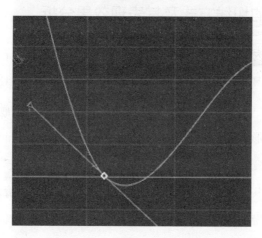

图 6-4

● 钳制切线：钳制切线的形态与样条线非常相似，甚至在大多数情况下，钳制切线与样条线保持完全一样的效果。只有在一种情况下钳制与线与样条线表现出明显的差异，当两个或两个以上相同数值的关键帧处于相邻位置时，相邻且相同数值的关键帧之间的线段会被自动打平

（见图 6-5），这一带有平坦造型的曲线也叫钳制曲线。钳制曲线主要应用于动画的某个部位需要保持形态不变的时候，比如在角色走路动画中，其中一只脚的前进曲线和高度曲线经常需要保持在一定的时间内的相对稳定状态，而这个稳定状态就是钳制曲线的打平部分。在运动捕捉的动作库中，经常可以发现有脚部动作出现滑动或轻微漂移的情况，这就是脚部动作在需要固定的时间内没有把曲线钳制住而导致的结果。所以，钳制曲线也是角色动画中必不可少的曲线类型之一。除了一键转变为钳制曲线外，Maya 也支持通过使用打平切线的手动方式单独为指定的切线进行打平处理，这也是一种钳制切线关系。

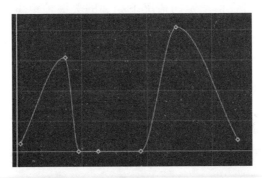

图 6-5

- 线性切线：如图 6-6 所示。线性切线是一种只有转折没有弧度的线，它的切线杆的特征是基本与所在方位的曲线保持完全一致的方向性（首帧和尾帧除外）。这种切线的运动特征是在关键帧之间的位置下的动画不会产生运动变化，也就是不会产生加速和减速效果，所以它主要应用一些机械性的动画。我们也可以通过手动调整切线的方式，对选定的关键帧进行单独的切线调整，形成一种混合式动画效果。如汽车从 60 时速的匀速运动中突然加速到 100 时速的匀速运动。在 60 至 100 时速之间的曲线切线就可以根据需要手动调整相对应的切线状态。而在 60 时速之前和 100 时速之后的时间段则可以使用线性切线。

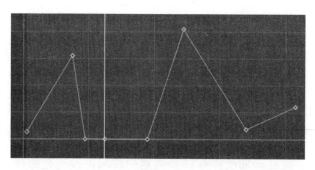

图 6-6

- 平坦切线：平坦切线的特征是所有关键帧的切线都是水平状态，如图 6-7 所示。这样的切线方式决定了所有的关键帧动画都带有加速减速效果，并且在值一定的情况下相邻的关键帧距离越近其加速和减速效果越明显。这种曲线在动画表现上虽然有加速减速运动，但由于关键帧的切线都是平坦的，软件不会根据曲线规律去适配切线角度，因此其动画效果会呈现一定的规律性，这种规律性运动与生物动画的要求相悖，如果要使用这种切线一般也需要配合手动调节权重效果。

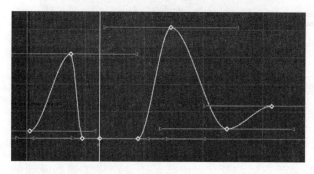

图 6-7

- 阶跃切线：阶跃切线的特点是所有的"退出切线"都是水平状态；所有的"进入切线"都是垂直状态，垂直状态的切线使用虚线表示。如图 6-8 所示。这造就了一个突然性的动画效果，动画播放时，当到达相应的关键帧时，动画突然产生，不会有任何过渡效果。常用于需要瞬间移动的或机械运转的效果，如秒针的旋转。

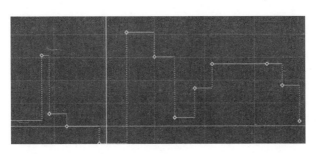

图 6-8

- 高原切线：该切线方式与"钳制切线"比较相似，都会在临近且数值相同的关键帧之间以平坦切线的方式呈现出来。与"钳制切线"不同的是，高原切线会自动寻找关键帧的高数值和低数值并把符合条件的关节帧的切线打平，在这一点上它又类似"平坦切线"。与"平坦切线"又不同的是，高原切线会把关键帧数值的高点与低点之间的关键帧的切线进行平滑处理，这会让曲线的形态看起来更加自然，对其影响的动作效果也会更加平顺。如图 6-9 所示，圈内的关节帧即为高点和低点之间的关键帧；箭头指向的位置即为"平坦切线"的类似效果。

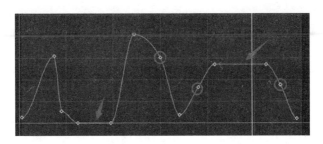

图 6-9

通过以上几种切线方式，基本可以满足动画制作中切线对动画的影响的控制。另外 Maya2024 中还对"进入切线"和"退出切线"进行了单独的设置，可通过输入数值的方式对切线的角度进行统一调整。

在切线控制方式上还提供了"打断切线""统一切线""自由切线长度"和"锁定切线"。默认设置下，关键帧的切线是统一的，即调整左侧的切线的同时，右侧也会得到相应角度的改变。通过"打断切线"切线工具可以对两边的切线作出分别调节。如果不是为了制作特殊效果，切线一般不需要被打断，打断的切线可能会影响动作规律。"自由切线长度"和"锁定切线"是相对的效果，默认设置下，切线长度是自由控制方式，但还需要激活"加权切线"选项获得切线长度的控制功能。

在默认情况下，需要选择场景中的对象才可以在曲线编辑器中看到相应选项及曲线效果。而很多时候选中了对象会影响到观察对象，或者我们希望在选中其他角色时仍然能控制当前曲线，就需要使用"自动加载曲线图编辑器"工具。激活该工具后，无论选择任何对象，曲线图表都只显示激活该工具之前选择的对象曲线。当"自动加载曲线图编辑器"工具激活后，还可通过选择"从当前选择加载曲线编辑器"工具在场景中对其他对象的曲线进行固定操作。

Maya 虽然支持小数关键帧，当关键帧在小数位置上，可能导致动作的关键位置不准确或难以调节。因此，时间捕捉开关一般都需要打开。而数值捕捉开关一般需要关闭，除了机械动画等非角色动画外，很少需要运动的数值固定在整数位置。

在曲线循环方式上主要会用到"向后方无线循环"和"向后方无线循环加偏移"。"向后方无线循环"要求每段曲线的首尾值必须保持一致，即使很微小的不一致也是不建议存在的。首尾的不一致会导致在循环的过程中运动幅度不断地增加，越到后面，动作差距越大，甚至会出现错位、拉伸等问题。例如，在走路动作中，任意一侧的腿部动作数值的增加，都会导致该侧腿部动作幅度的不断累计增加。"向后方无线循环加偏移"主要用于需要循环且数值也要整体增加的动作，例如走路腿部的向前运动，对于后续每一个动作循环来说，它都是起始动作的再循环，而再循环的过程中，也需要持续的不断前行，因此它是一种循环且偏移的曲线表现方式。

在执行曲线时间偏移过程中，如果不想数值发生任何改变，可激活"未约束的拖动"功能。它既支持约束时间又支持约束数值，前者保持时间不变的情况下，对曲线或关键帧进行只能改变数值的操作；后者在保持数值不变的情况下，仅能对数值进行改变。也可通过使用鼠标配合 Shift 键实现上述效果。

为了更大幅度地控制曲线，还可以对切线控制杆进行加权切线的设置，加权切线后权重杆会从三角形变成四方形，此时权重杆可通过鼠标无线拉长，当权重杆的长度影响到另一侧的权切线效果时，可使用打算曲线工具对切线进行打断操作，被打断的权重杆将不会再因另一侧动态的改变而产生变化。当不再需要打断时，也可通过使用统一切线工具对切线进行连接操作，重新连接后的权重杆默认情况下会保持调整前的权重角度。

三、切线角度与运动效果的关系

在调整动画细节时，经常需要调整曲线的切线角度，切线角度对动画效果产生直接影响。在 Maya 中，默认情况下，关键帧处的曲线都以平滑方式显示，其运动效果也是平滑过渡。很多时候，运动状态会产生较大的改变，而此时的运动曲线也不可能以平滑状态呈现。例如小球弹跳动作，当小球着地的时候，其 Y 轴的曲线在着地处的关键帧的权切线就不应该以平滑方式进行过渡。此时退出权切线的角度越大，其加速效果越明显，到 90 度时，达到最大状态。这是由于此类权切线导致小球的滞空时间较长，越长的滞空时间，就越会缩短落地前的时间损耗。如图 6-10 所示。当退出权切线处于水平状态时，小球落地效果就会非常平缓，这是由于落地前的时间增加而滞空时间相对减少造成的。如图 6-11 所示。

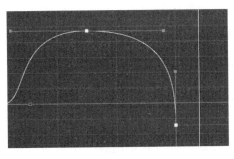

图 6-10

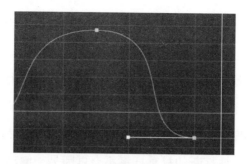

图 6-11

　　在权切线角度不变的情况下，权切线的长度越长，其滞留时间也就越长。对于大多数物体来说，由于地球引力的作用，上升时间要比下落的时间多，在关键帧位置时间不变的情况下，可通过权切线的长度和倾斜度去改变曲线的最高点，从而获得时间的重新分配。如图 6-12 所示。默认状态下，其关键帧就是最高点（圆圈内），通过对权切线长度和倾斜度的调整获得了最高点的向后右偏移（箭头指向）。

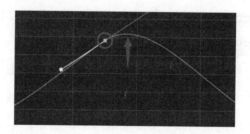

图 6-12

　　对于调整和测试运动效果来说，建立缓冲区和交换缓冲区是有必要的。当激活该功能后，再次调整曲线的形态会发现在曲线的原位置会有一条黑色曲线，这条黑色曲线就是上一次所调曲线的形态捕捉。新调节的曲线用于再次测试运动效果，通过对比两次效果的不同，使用交换缓冲区功能在两次不同运动形态的曲线中快速切换。在 2024 版中，还提供了钳制曲线和偏移曲线的功能。钳制曲线可对任意选择的关节帧进行数值上的"归零"操作，当选择整条曲线时，执行该命令可获得曲线上所有关键帧的"归零"效果。偏移曲线功能是对当前选择的曲线或关键帧进行向后移动一帧的操作。也可以通过选项面板对偏移的帧数量进行手动调整。

四、时间轴的应用

时间轴也是控制动画节奏的一种方式，时间轴中主要以关键帧的方式进行显示和编辑动画效果，它也可以改变关键帧的切线方式，但其表现效果不够直观，当需要更具体的操作切线还是推荐使用曲线编辑器。通过鼠标配合Shift键可选择关键帧及其范围，也可以更改关键帧的偏移位置，但无法更改关键帧的数值。时间轴还可以复制、粘贴和删除关键帧，但无法针对某一轴向的关键帧进行相应的单独操作。时间轴最重要的功能是加载声音，利用所加载的声音准确对动画的节奏进行对位，其声音目前只支持.wav格式。对于动画制作的初期，如设置整体关键帧的时候，时间轴可以发挥一定的优势。

第二节 时间编辑器及 Trax 编辑器

时间编辑器和 Trax 编辑器都是 Maya 的动画剪辑工具，时间编辑器用于添加动画片段，并对动画片段进行剪辑、调整、融合、缩放和循环等操作；Trax 编辑器可用于创建、剪辑、融合等操作，它支持在任意选中具有动画关键帧的对象上进行片段创建，并对创建的片段进行剪辑、缩放、导出并保存等处理。另外，它还支持约束、表情、表达式等片段的创建。

一、时间编辑器

时间编辑器的文件导入方式有三种："从外部文件导入内容""从场景添加选定内容""将文件拖放到编辑器"。"从外部文件导入内容"适合于导入符合格式要求的动画文件，如 FBX 文件等。"从场景添加选定内容"适合于场景中已经做完的动画。"将文件拖放到编辑器"适合于动画片段或动画捕捉数据等。加载后的片段直接支持时间上的位移操作，比如原始起始帧为 1～60，可通过拖动片段轨道项目的方式，向后移动到任意时间上。

在修剪模式下，可对轨道的 clip 向内修剪，拖动到任意位置就意味着该位置以外的动画被剪掉；当拖动 clip 的边缘向范围外时，会增加 clip 的长度，但范围以外的时间内不会形成任何动画效果。

在缩放模式下，可对动画片段进行时间的改变，左右拖动 clip 的边缘即为动作的增快和变慢。这种方式要比曲线编辑器或时间轴上操作要更为准确且不容易出错。但是这仅适合于已经调完细节的动画片段。

在循环模式下，对 clip 的边缘向右拖动，可产生无缝循环动画。当动画具有偏移属性时，时间编辑器的循环模式也会对 clip 进行偏移循环处理。这对于制作走路动画来说是极其高效的。如果只使用曲线编辑器的情况下，其循环方式需要调整根关节以及双脚的向前轴向，这种方法每偏移一个循环就要手动操作一次，并且数值上需要保持绝对的一致。而时间编辑器的循环模式则可以轻松实现这一过程。不过，时间编辑器所产生的循环可以在曲线编辑器或时间轴里发现，它并没有产生任何关键帧。如果需要对循环的效果以数据的方式进行保存，还需要对关键帧进行烘焙操作，烘焙后的对象，每一帧都会产生关键帧。这对于后续的再次编辑来说，是一个不太有利的方面。因此，只有当动画片段制作较为完善以后才会使用时间编辑器的循环功能。

在保持模式下，可对最后一个姿势或起始姿势进行时间延迟，这是由于在动画制作过程中会遇到动作之间的停顿状态。使用这一功能，可通过拖动 clip 的边缘灵活定义停顿的时长。

两段动画片段必须放置在一个轨道上，相交的部位会自动产生动作融合。有时候两段动作的位置可能有一定的偏差，为了解决这个问题，可使用重建定位功能以重新匹配前一段动作的结束位置到后一段动作的起始位置。该功能需要激活前一段轨道上的轨迹重影功能，用于确定前一段动作的最后姿势的位置。"使姿势与定位器匹配"工具可在创建重影的模式下对选定的关节进行相应的匹配，该模式目前仅适合于姿势较为接近的情况，如果两个片段的姿势差异较大，匹配的困难也会相应增加。如图 6-13 所示。在很多情况下姿势的匹配也没有必要完全一样，因为我们还可以通过使用融合工具对两个片段的过渡进行适当的处理。

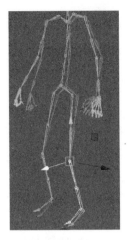

图 6-13

通过"重定时"下的"创建和编辑时间扭曲"命令还可以对选定的动画片段进行二次加工。该命令会创建一个动画曲线，通过对动画曲线关键帧和曲率的控制从而改变动画片段的节奏。重定时选项只可创建一个，当需要再次创建时，需要把已经创建的"重定时"曲线删掉。

除了使用曲线编辑器对时间编辑器编辑过的动画进行再次调节以外，还可以使用时间编辑器自带的"创建相加层"这一工具。添加了相加层之后在轨道上会产生一个新的 clip 层，点击该层的小三角符号，即可展开该层。可以对层设置关键帧以改变动画效果，可使用快捷键方式设置，也可以通过工具栏里的设置关键帧按钮设置。在关键帧列表中，可对指定的关键帧进行位置改变。如图 6-14 所示。通过使用右键弹出菜单还可以对相加层进行模式

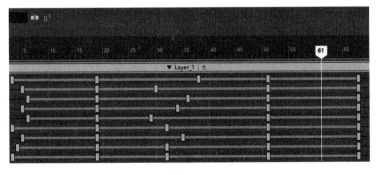

图 6-14

切换，也可以使用层中的禁用轨道按钮对该层暂时禁用以对比效果。在层轨道中还支持关键帧的显示，可整体调节关键帧。

二、Trax 编辑器

Trax 编辑器是一种非线性动画编辑工具，也是一种动画编辑工具。Trax支持对选定对象的曲线创建动画片段，在动画片段上会显示片段的速度百分比、起始帧以及总数帧等。也支持对创建的动画片段进行时间扭曲曲线的创建，这样可以方便在曲线编辑器中协同工作。它也支持通过指定时间范围创建动画片段，这样我们就可以在一段比较长的动画中随意剪辑需要的部分。在时间编辑器中如果已经生成片段，则不支持在 Trax 编辑器中再次创建，需要将已经创建的片段删除，在很多时候还需要关闭创建片段的窗口才能再次创建，这是由于软件没有实时刷新的缘故。

在创建的片段上，通过鼠标拖动片段的边缘可改变动画片段的速度，在片段的其他位置拖动可对片段的时间进行整体偏移。片段支持任意位置的分割和融合，使用右键菜单中的分割工具和工具栏中的融合工具执行相应的操作。

在同一个对象中支持创建不同的片段。例如，在一个小球几何体上创建一个 Z 轴位移的动画，然后在 Y 轴上创建一个上升的动画片段，两个片段会产生独立的动画效果及曲线。通过移动不同轨道上的片段，来决定小球上升的时间。这是一种非常高效的动画编辑方式，在日常的动画制作过程中，我们可对角色的不同身体部位制作不同的片段，通过不同片段的组接实现不同的动作效果。对所选择的片段进行导出操作，有助于我们保存常用动作，以导入给其他对象。当对片段激活"使用关键帧"后，可对整个片段执行关键帧操作，此时无论是否选择对象，时间轴上都呈现此关键帧。也就是说，这些关键帧不是对象的关键帧，而是片段的关键帧。需要删除关键帧时，需在时间轴上或曲线编辑器中删除。这意味着，当激活片段的关键帧后，Trax编辑器和曲线编辑器可协同操作。

第七章　渲染设置与材质解析

第一节　Arnold 渲染器的一般设置

Arnold 渲染器目前已经成为业内的主流渲染器之一，国际主流三维动画软件都集成或兼容该渲染器。它是一种基于物理运算的渲染器，具有高效、真实、大量材质库支持以及易于使用等特点。

一、Arnold 渲染器设置

Arnold 渲染器第一个设置就是采样面板，该设置主要用于控制渲染质量。其下控制采样质量的参数有 Camenra（AA）、Diffuse、Specular、Transmission、SSS、Volume Indirect。

Camenra（AA）是一个全局质量控制选项，增大该选项的值可提高渲染质量，包括抗锯齿效果和去噪点效果。当数值为 3 时，并不是只采样三次，实际采样是该值的平方，也就是 9。因此，随着该数值的提高，渲染时间也会大幅增加。为了避免过多地耗费 CPU 资源，在渲染过程中，要从低往高逐渐提升。但它的渲染质量和数值并不是等比例递增，达到一定效果后，再提高该数值只会大幅增加渲染时间，渲染质量却很难再获得明显的提升。默认情况下，Camenra（AA）的数值为 3，该数值下的画面效果相对比较干净，但在暗部可见明显的噪点。因此质量为 3 的采样值一般可用于渲染效果的预览。数值提高到 4 后就属于一个中等渲染质量，该数值下的噪点会明显减少，但是由于其他因素的影响，调整该数值并不是渲染质量的最优选项。在大多数情况下该数值到 8 时已经可以达到一个很高的质量，在一些个人练习中，也可以采用 6 左右的数值。

Diffuse 为漫反射质量控制。在物理渲染器中，光线会模拟现实中光线的反弹效果，因此，它主要用于控制反弹光线的噪点。漫反射的采样基于 Camenra（AA）的采样次数，当 Camenra（AA）和漫反射的采样都较高时，渲染速度会也会大受影响。漫反射数值大于 1 时，渲染场景中会发射间接照明光线，这些光线在半球范围内随机反弹。当漫反射值由 2 提升为 5 时，其噪点控制效果将非常明显。此时，Camenra（AA）数值为较低的 3 时，暗部的噪点控制也会很好。如图 7-1 所示。场景中的对象越复杂，其光线反弹来源就越多，不同来源的反弹光线产生了不同程度的噪点，因而形成了画面的颗粒感。多数情况下，阴影区域更容易形成反弹噪点。当随着渲染器的 Diffuse 值不断提高，而画面中的颗粒感并没有减弱时，说明画面中的噪点不是来源漫反射，因而也就无需通过调整该数值提高渲染质量。

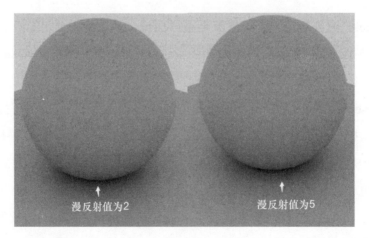

漫反射值为2　　　　　　　　漫反射值为5

图 7-1

镜面反射（specular）是用于控制金属、塑料等具有镜面反射效果的间接反弹的光线采样质量。随着该值的提高可减少间接镜面反弹的光线的噪点。Camenra（AA）和镜面反射值都提高的情况下，渲染速度会大幅降低。大多数情况下，镜面反射的噪点相对于漫反射噪点要少很多。因此，大多数情况下，该值不需要提升很多，保持在 4 以下是常用选项，有时候甚至使用默认值即可。当镜面反射采样值和镜面光线深度都减少到 0 时，意味着镜面反射已经不存在，画面中的噪点也因此消失，说明噪点是由镜面反射导致的。此时可使用镜面反射采样值去抑制画面噪点。

透射（Transmission）用来控制玻璃、水等具有透明属性的对象的投射采样效果，通过该值的提升可用于降低因透射而产生的噪点。当 transmission 采样值和 transmission 光线深度都为 0 时，画面中的噪点消失了，就说明其噪点是由投射产生的。这是由于值为 0 时，不产生任何投射效果，也就不会产生投射噪点。投射噪点在其半透明显示中看起来像是磨砂玻璃效果。透射效果在 Arnold 渲染器中是渲染速度比较慢的一种效果。

次表面散射（SSS）用于控制皮肤、蜡烛等透光不透明的对象的采样效果。通过该值的提升可减少次表面散射的噪点。默认值为 2，当场景中没有次表面散射对象时，可把该值调为 0。

间接体积（Volume Indirect）用于控制云雾等具有体积效果的对象的质量，通过提高该值可获得更加通透的体积效果。当场景中没有体积材质时，把该数值为 0 时，间接体积效果会被禁用。

渐进渲染（Progressive Render）一般保持关闭即可，打开该选项会导致渲染速度变慢，内存的使用率也会相应增加。

自适应采样（Adaptive sampling）用于更精确的控制画面质量。当 Adaptive sampling 启用后，渲染器会对每个像素的采样进行自动调整，有的像素将会获得更多采样次数。其最低采样次数为 Camenra（AA）所设置的数量，最高采样值次数为 Adaptive sampling 下的 Max.Camera（AA）选项中的数值。因此 Max.Camera（AA）的数值越高，效果越好，渲染速度越慢。还可以使用 Adaptive Threshold 选项对噪点进行抑制，需要注意的是，该数值越低，渲染效果越好。自适应采样会大幅度增加渲染时间，因此它仅适用于单帧作品中的某一区域的噪点控制问题。

区间限定（Clamping）用于控制画面中的一些过亮的像素。启用区间限定 AA 采样数（Clamp AA Samples）后，允许指定区间最大采样值，默认值为 10，数值越小，其控制能力越强，画面中的过亮像素的亮度也就会越低，但该选项会造成画面整体对比度的降低，会让画面看起来比较沉闷，因此该数值不推荐设置过低，一般不低于 1。间接区间限定值（Indirect Clamp Value）用于控制限定区域内的噪点，数值越低，噪点的抑制效果就越明显，但过低的数值可能造成动态光影问题。在光源附近的墙面渲染中，经常会产生大量的噪点（离光源越近的墙面，高亮的噪点就越多且越明显），而区间限定选项就是针对这类问题的解决方案。

采样过滤（Filter）用于控制画面的模糊程度，一定程度上的模糊有利于控制画面的锯齿问题，但模糊的值越大其细节损失就越严重。高斯模糊是最常用的过滤器类型，相对于其他类型的过滤器，高斯模糊的程度会比较强一些。可通过降低 Width 值减弱模糊程度，而提高 Width 值则可以抑制摩尔纹。除了高斯过滤器外，布莱克曼-哈里斯（Blackman-Harris）也是一种常用的过滤器类型。它是一种比较自然的抗锯齿效果，默认数值下，可以取得细节和柔和度之间的平滑效果。轮廓过滤器用于卡通材质的线框渲染，可提高或降低线框的宽度，提高 Width 值可提高线框宽度。如图 7-2 所示。

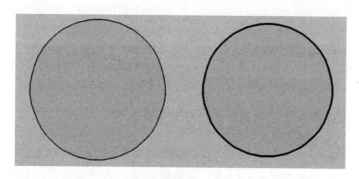

图 7-2

高级渲染设置里包含了锁定采样图案（Lock Sampling Pattern）、在 SSS 中使用自动凹凸（Use Autobump in SSS）和间接镜面反射模糊（Indirect specular blur）三个选项。其中锁定采样图案用于避免胶片实颗粒效果。在

SSS 中使用自动凹凸主要用于降低 SSS 材质中的噪点，但启用该项会导致渲染时间大幅增加。间接镜面反射模糊也是一种渲染细节的调节工具，增加该值可获得较高的模糊效果，当数值为 0 时，渲染最为精确。

光线深度（Ray Depth）为光线的反弹次数选项。光线深度中的总体反射为漫反射＋透射＋镜面反射的总和。如图 7-3 所示。白框内的三个参数不应大于总体反射的值。每一个单项的数值表示相应的光线在场景中的反弹次数，反射深度的值越高，其光线反弹次数就越多，场景就越明亮，其中主要是漫反射对场景来高难度影响最明显。当然，渲染时间也会相应增加。提高光线深度虽然可以提高场景亮度，但是它不具备消除噪点的功能，采样值始终是解决噪点问题的主要方案。体积光线深度主要用于云雾等效果的通透度的提升，当数值为 0 时，云层较厚的部分可能会呈现黑色，随着该值的不断提高，黑色部分的亮度也将获得相应的提升。透明深度控制着透明对象的堆叠层数。当数值为 0 时，透明物体会呈现黑色。当数值为 2 时，超过两层的堆叠物体的重叠部分会呈现黑色。因此该数值取决于场景中有多少个透明物体堆叠在一起，堆叠的层数越多，需要的透明深度就越高。

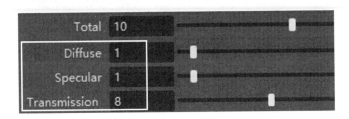

图 7-3

运动模糊是一种画面补偿技术，通过对每一帧画面中的动态效果的模糊算法从而增强画面中的动作的连贯性，给人一种细腻流畅的画面感。在运动模糊面板中可对"时间快门""变形器""摄影机""材质"等选项施加运动模糊影响。可也用于关键帧并自动计算运动模糊效果。当运动状态是以恒定速度径直位移或旋转的，采用默认数值的 2 即可，当运动状态是无规律的或非线性运动的，就需要对关键帧值适当提升。关键帧值的提高对渲染速度基本不产生影响，但会耗费大量的内存空间，多边形模型越多其耗费的内存比例就越大。对于路径动画中的模型来说会更加明显，默认状态下，路径中的模型可能不产生变形效果，数值提升到 4 时，变形效果产生但不光滑，数值提升到 8 时，会非常光滑。

"长度"值控制着运动模糊的程度，当数值为 0 时，无任何模糊效果。默认数值为 0.5，模糊效果已经很明显。当数值为 1 时，其模糊程度已经几乎看不清物体的原始轮廓。一般情况下，长度值不会大于 1。还可以通过"positon"选项控制运动模糊的位置，有"开始""结束""中间"以及"自定义"可选，一般情况下，选用"中间"位置即可。

二、系统设置

在系统设置中主要有"渲染设备的选择""渲染设置""Maya 集成"等选项。渲染设备中可选"CPU"和"GPU"，前者使用 CPU 渲染，后者使用显卡的芯片渲染。CPU 渲染细节丰富，但速度较慢。而 GPU 渲染速度非常快，在画面细节中会有一些损失。对于画面质量要求不算高的案例推荐使用 GPU 渲染。

在渲染设置面板中主要会用到"渲染块扫描"，该选项控制着渲染画面的先后顺序。可选从顶部、左侧、随机、螺旋以及 Hilbert 五种方式。一般情况下，使用螺旋方式渲染，因为它是由画面中心向四周过渡的方式，可以先预览到画面中央的效果。渲染块默认为 64×64 像素，通过滑动条可更改像素块的尺寸。较大的渲染块会占用较多的内存，而较小的渲染块会导致渲染速度变慢。

三、公用设置

Arnold 渲染器和 Maya 渲染器共用"公用"面板。其下主要有文件设置、帧设置和摄影机设置等。其中文件常用的格式主要有.exr、.png 和.tif。.exr

是一种比较专业的格式，其文件占用硬盘空间也比较大，比较重要的动画项目一般都采用此格式。.png 是一种无损压缩的格式，其优点是比较小，比较适合用于互联网。.tif 主要用于图形设计和印刷，是一种比较专业的格式。由于它的透明通道与部分互联网程序不兼容，所以它很少用于互联网。.tif 支持更高的分辨率，可以存储更多的信息。在.exr 普及之前，.tif 是一种主要的渲染输出格式之一。在帧扩展名中可选择单帧还是序列，默认为单帧，即每次渲染当前帧。序列方式一般选择"名称#扩展名"，这种模式下输出的序列帧会按照帧时间的先后进行自动排序。帧填充的默认设置为 4，表示序列号为四位数，例如 camera.0001.png。在帧范围中可任意定义起始帧，也可以设置间隔渲染帧数。当输出的颜色空间用于后期渲染需要进行单独的匹配时，选用"将输出变换应用于渲染器"（Apply Output Transform to Renderer），并在 Maya 的颜色管理首选项中选择需要的颜色标准。目前 Maya 首推 ACES 色彩管理方式。

在"可渲染摄影机中"有常用的四视图渲染、Alpha 通道渲染和深度通道渲染。Alpha 通道用于保留透明通道以实现其透明效果，默认是被启用的。而深度通道是用来创建景深的，在不需要渲染景深的情况下，可不启用该选项。在实际制作中一般都需要创建新的摄影机并为该摄影机单独设置参数。

在图像大小中已经预设了多种常用格式，如半高清、高清、2 K、4 K 等常用画幅，也可以通过输入数值的方式手动输入输出画面的大小。像素纵横比主要用于区分不同的设备，大多数显示设备的像素纵横比都是 1（Pixel Aspect Ratio），也就是方向像素。个别国家的设备使用的是非方形像素，在高清设备普及之前，美国的电视 NTSC 设备的"像素纵横比"（Pixel Aspect Ratio）是 0.9。视频输出为 1 时，如果用于 NTSC 的设备播放，就会导致画面出现拉伸问题。因此要根据需要选择像素纵横比。设备纵横比会根据选择的制式自动计算出设备纵横比，一般不需要手动改变。

第二节　Arnold 灯光

一、区域光

区域光是 Maya 中最重要的灯光之一，它应用非常广泛，可用于创建圆形的吸顶灯、圆柱形的吊灯、方形的灯带以及窗户的补光等。在默认状态下，区域光照射的场景是黑的，与没有灯光的效果是完全一样的，这是因为默认的灯光强度不够。在 Maya 中提供了两个参数用于调整灯光的强度，分别为强度和曝光度。曝光度默认值为 0，滑块最大数值为 5，但此数值下的灯光依然较暗。此时，可通过手动输入数值继续提高曝光度，当数值超过 10 时，可能会出现过度曝光的情况，所以曝光值为 10 以内是常用参数。当曝光值恢复为 0 时，强度值提高到 2000，其亮度效果接近曝光度的 10。如图 7-4 所示。由此可见，较小的数值就可控制较高的亮度，而非常高的灯光强度才能提升较大的亮度。根据这个规律我们可以用曝光度控制大的亮度等级，用强度微调细节。通过调整强度或曝光，可以获得相同的光照影响。也可以只使用强度选项调节灯光亮度。灯光的颜色选项可用于控制场景中灯光的色彩倾向，还可以通过输入数值的方式获得准确的光照效果，也可以通过使用贴图控制灯光的形态。

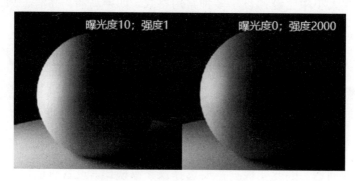

图 7-4

Spread 值用于控制灯光的扩散效果，数值越大扩散范围越广，数值为 0 时，类似于激光，几乎不产生扩散效果。但扩散值越低越容易产生噪点。灯光分辨率用于适应场景的大小，用于大场景时应适当提高灯光分辨率。当 Spread 值为 0 时，还可以通过圆度（Roundness）调整灯光的圆角效果，但圆度值为 1 时，方形照射区域变为圆形。此时，还可通过 soft edge 参数向内控制边缘的虚化效果。当然，即使圆度值为 0 时，也可以通过该选项控制软边效果。灯光采样值用于控制由灯光直接产生的画面噪点，一般该值为 3 时，已经可以获得很好的噪点抑制。

规格化（Normalize）是一个非常重要的选项。它可以通过控制灯光的缩放来获得光照的细腻程度。当规格化不启用时，灯光的缩放只会影响灯光的照射范围和亮度而不影响灯光的柔和度。如图 7-5 所示。通过缩放灯光后，左侧的场景已经出现对比度和曝光都过高的问题，而右侧场景启用了规格化后，场景的光照效果更加柔和。

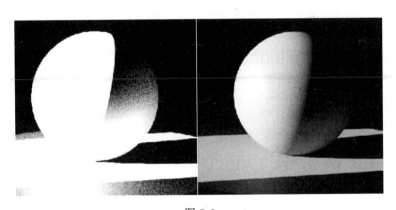

图 7-5

阴影密度就是阴影的亮度，值越大阴影越暗，值为 1 时，阴影为纯黑色。通过阴影颜色控制也可改变阴影的明暗。通过其颜色弹出面板中的 HSV 下的 V 项可控制阴影明暗，此时，即使阴影的密度为 1，也可以自由调整明暗，直至阴影消失（S 值需为 0）。

可见性选项中的"Camera"值为 1 时，可显示区域光的轮廓。这种效果可用于灯箱或橱窗灯的制作。"Diffuse"控制着场景中的光线反弹效果，值为 1 时，光线处于全部反弹状态中，当值逐渐缩小时，可见场景逐渐变暗，这是由于光线反弹数量减少导致。"Specular"控制着镜面反射效果，当场景中没有镜面材质时，此参数无效。"Indirect"控制着间接光线效果，当此值为 0 时，场景中所有的间接照明会被关闭。"最大反弹次数"（Max Bounces）控制场景中光线反弹次数。"最大反弹次数"（Max Bounces）值为 0 时，表示渲染器只计算场景中的直接光照，也就是会禁用此灯光的全局光照。需要注意的是，此值与 Arnold 渲染设置面板里的光线深度控件一起发挥作用，因此最大 999 次的反弹只是理论上的最大值。在实际操作中，光线深度的设置要小得多。

另外区域光中还有"圆柱体"和"圆盘"两种灯光造型，它们的灯光参数大同小异，但是其照明效果有着明显的不同。圆柱体灯光常用于创建管状灯光或吊灯，圆盘灯光和方形灯光的设置和效果是最为接近的，当方形灯光设置为最大圆角造型时，其照明效果几乎和圆盘灯光一样。

二、Skydome Light

Skydome Light 又叫天穹灯光，在渲染静物、室外建筑等单帧图片有着无可比拟的优越性。创建灯光的同时在场景中自动创建一个环境球，环境球本身就是灯光的发光体同时也可以让光线在球体内部进行反弹，因此模拟了一个非常真实的全局光照。当环境球没有添加环境贴图时，它仅仅模拟光线反弹效果，当添加了所支持的环境贴图时（如 HDR 等），就会产生更加真实的环境光照效果。HDR 照明有着非常成熟的技术，目前可以使用的贴图素材也非常多。虽然 Skydome Light 也可以用来作为室内照明的灯光，但是使用它会让光线投射在室内的物体上，对室内的墙面照明几乎没有作用，因此会在场景中产生较多的间接光线噪点，而抑制这些噪点需要较大的采样值，这会严重降低渲染速度，因此一般不推荐使用 Skydome Light 作为室内的灯光选择。室内照明可使用区域光作为主光源。

虽然 Skydome Light 也提供了 Exposure 值，但与区域光不同的是，Skydome Light 通过强度值的微弱提升已经可以对灯光作出较大的改变，因此一般不需要配合使用 Exposure 值。在分辨率方面，Skydome Light 的灯光分辨率应与 HDR 贴图分辨率保持一致，分辨率过高会导致渲染时间的增加，还会导致启动速度变慢。分辨率过低会导致场景中的反射现象出现锯齿的问题，尤其在一些镜面反射的效果中会非常明显，如玻璃表面反射的天窗栅格等。在采样值方面，推荐使用 3 级采样。经过多个案例的测试结果来看，3 级采样与更高级别的采样通过肉眼已经很难发现有质量上的差别，而 1 级采样和 3 级的噪点差距是比较明显的，而 1 级采样和 3 级采样的渲染时间几乎是没有差别的。Illuminates By Default 默认为启用状态，取消勾选后会导致场景内的物体不接受直接和间接光照效果。

Light Portal 需要配合 Skydome Light 使用，Portal Mode 为该灯光的引导模式，需要在场景中创建一个 Light Portal 才可以让 Skydome Light 中的 Portal Mode 生效。常用于房屋外的照明效果控制。默认模式为 interior_only，这模式会阻挡窗口外的所有灯光，从渲染画面来看，它会导致房屋的外墙因不接受 Skydome Light 的光线而呈现黑色墙面（Light Portal 所指向的那面墙不会呈现黑色），由于阻挡了窗口外的所有灯光，因此，可以减少房屋内部的噪点。当删除 Light Portal 后再添加 Light Portal，场景中的灯光可能不会产生实时刷新的效果，需要关掉渲染窗口后重新打开。

三、Mesh light

Mesh light 又叫几何体灯光，它可以指定场景中的任意几何体作为灯光实现发光效果，利用这种灯光可创建各自生活中常见的光源，如 LED 灯箱、灯带、汽车灯光、台灯等。配合使用扫描网格等工具还可以实现有趣的灯光动画效果。

创建几何体灯光后场景中会生成一个新的 light_psphere 灯光节点，该节点以原几何体的子物体的形式存在。选择原几何体进行缩放可对灯光的大小整体缩放，也可以直接选择子物体（灯光）直接缩放，但子物体的体积小于原几何物体时，灯光会被几何体遮挡，所以这里推荐直接改变几何体的大小或空间位置关系。也可以通过取消勾选"显示原始几何体"的选项隐藏场景中的几何体。默认情况下该灯光只在渲染窗口中产生灯光效果不显示灯光轮廓，勾选"Light Visible"后可以看到渲染视图中已经显示了灯光轮廓。在默认的采样值下，Mesh light 的噪点还是非常明显的，可把采样值提升到 3 以解决噪点过多的问题。Mesh light 的灯光强弱也由"Intensity"和"Exposure"两项控制，前者小幅度控制灯光，后者较小的值就会产生较明显的灯光亮度，其参数一般不会大于 5。当曝光值大于 5，仍然不能解决场景的光照需求时，应通过"Intensity"或其他灯光补光的方式解决。默认状态下，"Normalize"是被启用的，"Normalize"下的几何体灯光受到几何体的大小影响，当几何体灯光体积过小时，场景中的噪点会更加明显。较大体积的几何体灯光不仅有利于解决场景中的噪点问题，还可以让光影更加细腻柔和。虽然几何体灯光看似可以实现几乎所有形式的灯光效果，但它可能会让场景的渲染速度变慢，因此，应当在普通灯光难以满足要求的情况下使用几何体灯光。

几何体灯光与模型的自发光属性都可以实现几何体的照明效果，但在同等亮度下，自发光所产生的噪点更多，渲染时间更长。另外自发光产生的照明效果不会产生光线反弹，会导致暗部出现过暗的效果。在一些测试当中，自发光的漫反射采样值调到 10 以后才逐渐与几何体灯光的 3 个漫反射采样值效果差不多。

四、Photometric Light

Photometric Light 又叫光度学灯光，常用于吊顶的射灯效果。它需要使用真实世界中测量的灯光数据文件，这些文件一般由灯光厂家或设计者提供，是一种高仿真的灯光效果。通过使用这些数据可获得真实与厂家要求相一致的灯光照明效果，在用于工程效果图或浏览动画中，使用这些数据可节省大量的时间。

在光度学文件已经载入的基础上，还可以通过内置的一系列参数对灯光效果施加影响，而这些参数一般也只适用于灯光的微调。光度学灯光的默认曝光值为 5，是一个比较高的参数，一般不再需要调节该数值。

第三节　Arnold 标准材质

Arnold 标准材质又叫做万能材质，是一种基于物理的着色器，它几乎可以模拟自然界中的所有材质。其属性中包含 Base、Specular、Transmission、Subsurface、Coat、Sheen、Emission、Thin Film、Geometry、Matte 等多项属性，这些属性分别控制着不同材质的不同表现方式。

一、基本属性

Base 控制着材质的基本属性，它包含颜色、粗糙度和金属度等。材质的颜色可通过彩色组合方式自由选择，也可以通过输入 RGB 数据的方式获得准确的颜色。还可以通过其尾部的棋盘格输入贴图。漫反射粗糙度（Diffuse Roughness）用于控制物体表面的粗糙程度，数值越高，表面看起来会越粗糙，当用于水泥墙面或泥土地以及石膏粉等材质时，其漫反射粗糙度的值一般为 1。金属度（Metalness）用于控制镜面反射效果，当需要反射效果较为明显时（如镜子、不锈钢、车漆等材质），该数值需要提高。当数值为 1 时，其效果与镜子完全一致（镜面反射的粗糙度需为 0），可以反射出周围场景的清晰影像。对于不同的材质会有不同的颜色数据以及镜面反射颜色数据，如"金"的基础颜色为 0.944 0.776 0.373，而其镜面反射颜色为 0.998 0.981 0.751，所以，需要表现更加逼真的材质时，可能需要输入这些物理数据。基本属性中的金属度和粗糙度虽然也可以通过使用贴图去控制，但实际制作中，使用数值去表现基础效果已经能够满足大多数需要。

二、镜面反射

Specular 为镜面反射，在镜面反射面板中，同样也有颜色和粗糙度选项，这里的颜色和粗糙度仅控制镜面反射部分的颜色和粗糙度，但当一个物体整体效果更接近镜面反射时，其颜色和粗糙度的控制基本决定了整体的颜色和粗糙度，而镜面反射的效果越不明显，其材质的颜色和粗糙度越依赖基本属性中的颜色和粗糙度。因此，在调整瓷器、玻璃、车漆等材质时，主要依赖于镜面反射颜色和粗糙度的调整。还需要注意的是，在方形的物体中，其镜面反射效果不如圆形物体明显。当镜面反射的粗糙度为 1 时，其基础属性的金属度无论为何值都不会产生镜面反射效果，只会产生明暗上的变化。但镜面反射的粗糙度为 0 时，金属度即使为 0，也会产生一定效果的镜面反射。当金属度为 1 时，镜面反射的粗糙度取中间值，会产生磨砂金属的效果。

IOR 为折射率，一般应用于透明或具有透明及半透明属性的物体。当数值为 1 时，表示没有折射，类似真空效果。当数值 0 时，物体的透明属性会消失。从 1 到 0，数值越小，其不透明的范围就越大，在球形物体上表现尤为明显。对于透明物体而言，如钻石、水晶、冰等都具有自身的折射率，如需要制作此类材质可查询相应的折射率数据。

各向异性（Anisotropy）及旋转参数都是用来调节金属反光效果的。如在经过处理后的金属表面会产生环形拉丝效果，这些拉丝效果是由于金属表面有多重的细微凹凸所产生。当我们改变观察角度或者调整对象的位置时，就会发现对象上的光影发生了改变，这种改变就是各向异性（Anisotropy）。"各向异性"的默认数值为 0，表示不存在各向异性。当数值为 1 时，其各向异性效果表现最为强烈，但在镜面反射粗糙度为 0 时，"各向异性"不起作用。在一些模型中的"各向异性"开启后，高光部分可能会出现分面现象。通过启用"平滑细分切线"（位于 Arnold 标签栏里的 subdivision 选项下），可以去除面状外观。细分迭代插值默认为 1，其类型默认为 none，可更改为线性或 catclark。线性主要用于没有经过平滑的物体，而 catclark 用于平滑过的物体，插值越大表现的平滑次数越多。在平滑的物体上应用线性效果可导致渲染的对象产生面块效果。

三、投射

透射（transmission）用于控制物体的透明属性。其默认权重值为 0，表示完全不透明。数值为 1 时，表示完全透明，其物体颜色主要由投射颜色所决定，漫反射颜色已经被禁用，而反射颜色只对小部分产生影响。透明物体位于平面上时，其产生的颜色对桌面的影响仅限于漫反射效果，透明物体所产生的阴影主要还是以黑色为主，当取消勾选属性面板下的 Arnold 标签栏中的"Opaque"时，阴影的颜色会以透明物体的颜色而存在。也就是说该属性控制着光线是否可以穿过透明物体，能够穿过透明物体时，透明物体的自身颜色就自然投射到了桌面上。当再次勾选"Opaque"时，其阴影效果可能不会发生变化，这是由于软件不能够实时刷新这种透明效果所导致，需要重新启动渲染窗口。"深度"控制着透明物体的体积效果，对于造型复杂的物体来说，提高"深度"值可让物体看起来更加通透。而对于简单的物体来说，提高了深度值可能会导致投射颜色的消失。"散射"常用于一些颜色较为浓稠的物体，如蜂蜜、幽深的湖泊等。该选项会在散射颜色的基础上让物体看起来更加浑浊。需要注意的是，只有在"Opaque"被启用时，其散射效果才能发挥作用。散射各向异性（Scatter Anisotropy）的默认数值为 0，表示光线在所有方向上都均匀散射。数值越大其散射变化越丰富，数值越小散射效果越单调。当数值为 1 时，其表现效果与数值为 0 时类似，因此，该选项需要在 0 和 1 之间寻找一个平衡点。散射各向异性一般应用于凹凸效果较为明显的物体（见图 7-6），在简单的球形或柱形体上，其效果不太明显。色散系数（Dispersion Abbe）用于控制折射率的波长变化程度。默认数值为 0，表示禁用色散效果。该选项会产生较多的噪点，需要提高采样值解决噪点问题，因此，渲染时间会大幅增加，一般仅用于部分静帧画面或时间较短的动画。附加粗糙度（Extra Roughness）用于增加额外的模糊效果，属于细节控制，可用于透明效果较为浑浊的物体，如透明塑料等。透射 AOV（Transmit AOVs）

用于后期合成上，启用后投射会穿过 AOV，可以方便把投射效果合成到其他背景上。电介质优先级（Dielectric Priority）用于控制多重透明物体相重合时，优先显示哪个物体的效果。如在一杯加冰的可乐当中，具有三重透明物体：水、冰、玻璃杯。这三重物体的效果默认情况下是没有优先等级，如果需要着重表现某一物体的透明效果，则可以为该物体增加电介质优先级，数值越高优先等级越高。

图 7-6

四、次表面散射

次表面（Subsurface）又称 SSS 材质。当光线穿过一些特别的材质时，一部分光线会被物体内部的结构所吸收并在其内部产生散射效果，这些散射光的一部分又被返回到物体表面之外，这种由光线散射所产生的肉眼可见的材质效果就是次表面散射。可形成次表面散射效果的对象都是现实中可以经常遇到的，如皮肤、蜡烛、透明皂、牛奶、树叶、玉器等，要表现这些材质，SSS 属性必不可少。权重为 0 时，不产生任何次表面散射效果。次表面颜色控制着物体的基本颜色（不再需要使用漫反射颜色和镜面反射颜色控制物体基本色）。当半径颜色滑块在最左侧时，只产生基本次表面颜色，通过选择半径色块，可产生散射效果及颜色。比例"Scale"参数在次表面散射中是非常重要的，它要根据模型的大小设置相应的参数，过大或过小的比例值都会对散射效果产生负面影响，甚至会导致散射效果的消失。

在散射类型中有三种方式可选，分别为"散射""随机行走""随机行走v2"。"散射"类型是一种非常平均的散射效果，比较适合于简单造型的物体。应用于复杂造型的物体时，只有比较薄的部分会产生较强的散射效果。因此，这种方式渲染出来的次表面物体看起来更加厚重一些，通透感会弱许多。"随机行走"会根据物体的表面结构在不同的部位产生不同的散射强度，会呈现出一种自然的散射效果，比较适合于人类的面部皮肤。"随机行走v2"是一种高度准确的散射模式，对物体的凹凸效果表现得更加细致，让物体效果看起来更加通透，适合厚薄对比较为强烈的复杂造型，如一些玉器工艺品等。但该模式会产生较为明显的噪点，为抑制这些噪点会大幅地增加渲染时间。各向异性仅适用于"随机行走"这种方式，其系数最小值为–1，最大值为1。默认值为0时，表示灯光在所有方向均匀散射，因此其表现效果较为一致。数值越大灯光效果越通透，适合通透度较高的模型，对于造型简单的模型来说，其数值大小产生的效果差异不会太明显。

五、涂层 Coat

涂层（Coat）可以为已有材质添加一层透明涂层。通过该涂层可提高材质的光泽（如车漆、瓷器等），也可以用于表现材质表面的潮湿或油腻效果，还可以对金属材质添加一层保护膜效果。

涂层的默认权重值为0，当数值为1时，其涂层效果最明显。通过使用涂层中的颜色选项，可以为涂层添加一个透明贴图，这可以为物体表面添加图案。如图7-7所示。需要注意的是，与其他软件不同的是，贴图文件会以"白透黑不透"的方式呈现出来。粗糙度可控制涂层部分的粗糙度，在该栏的下方还提供了一个"影响粗糙度（Affect Roughness）"的选项，该选项默认值为0，当数值为1时，基本层的粗糙度完全由涂层的粗糙度所控制，此时再调节镜面反射的粗糙粗则完全不产生任何变化。在现实世界中，如果物体有涂层，那么在涂层内侧会产生一定的内部反射。这样内部颜色就会反弹到表面上，材质表现上就有了叠加效果，如涂了油漆的家具，因为油漆深浅的不同导致木板呈现不同的颜色，而影响颜色（Affect Color）选项就是为这种情况准备的。

图 7-7

六、光泽层

光泽层（Sheen）与涂层均为物体表面的光泽效果，而不同的是，光泽层仅用于毛桃上的绒毛、绒面及缎面等光泽效果，也就是说，它是由纤维等物体表面上的绒毛形成了一致的方向所导致的光泽效果。在光泽层选项中仅有权重、光泽颜色和粗糙度可选，其用法与材质的其他选项基本一致。

七、薄膜

薄膜（Thin Film）可用于肥皂泡表面的彩虹色效果的调节。薄膜的厚度为 0 到 2000 之间可调，过高的厚度参数可导致彩虹色消失。可通过投射面板中的深度值降低其投射颜色的强度。用于肥皂泡时其薄膜中的折射率应调为 1.33，而投射中的折射率不应再高于 1，两个都为 1.33 的折射率可导致气泡看起来像玻璃球。当镜面反射中的折射率为 0.99 时，如图 7-8 所示。当镜面反射中的折射率为 1.33 时，如图 7-9 所示。

图 7-8

图 7-9

八、几何体

几何体（Geometry）选项下可控制"薄壁""透明贴图""凹凸贴图"等效果。当"薄壁"选项勾选后，其他任何参数都不需要调整即可产生气泡效果，但这种方法实现的气泡效果没有彩虹色。"Opacity"选项可实现透明贴图效果，它遵循黑透白不透的原则。由此产生的透明贴图的不透明部分还可以产生与造型相符的投影效果。如图 7-10 所示。需要注意的是，当 Shape 面板下的 Arnold 不透明属性（Opaque）勾选时，不会产生透明贴图。在 Maya 2024.2 当中，取消勾选 Opaque 后，可能会产生一个透明效果的不稳定性，这需要等待后续版本的更正。其凹凸贴图选项下可添加凹凸贴图或法线贴图为模型增加凹凸效果。在法线贴图下需要把颜色空间中的格式更改为 RAW，同时需要勾选颜色平衡栏目下的"Alpha 为亮度"。

图 7-10

九、蒙版

蒙版启用后，选择的物体将会呈黑色平面显示。通过这一功能可实现简单快速的后期合成，还可以实现剪影动画效果。

第四节　Arnold 卡通材质

卡通材质可以把 3D 模型渲染成平面卡通效果，这种"三渲二"的方式已经在商业动画中获得大量的应用。卡通材质包含边（Edge）、轮廓（silhouette）、基础（Base）、镜面反射（Specular）、风格化高光（Stylized Highlight）、边缘照明（Rim Lighting）、透射（Transmission）、自发光（Emission）、几何体（Geometry）、AOV、高级（Advanced）、光泽（Sheen）等多项控制栏目。

一、边（Edge）和轮廓（silhouette）

边的基础属性与轮廓的基础属性完全一样，当启用轮廓选项后，边的参数及效果会被完全替代，但是只启用轮廓选项而不勾选边，则无法产生轮廓。Edge Color 可以改变轮廓的颜色，也可以在其贴图选项内直接加入 Ramp 节点，通过对 Ramp 节点的渐变控制获得轮廓的渐变效果。也可以让 Edge Color 保持单一的固有色，通过 Edge Tonemap 选项添加 Ramp 节点以实现相同的效果，这样可以在不需要渐变轮廓的时候一键取消渐变效果。Edge Opacity 控制着边缘的透明度，值为 1 时为完全不透明效果，也可以通过添加渐变节点实现透明渐变效果。Width Scaling 值控制着轮廓的粗细，最大值为 1，当需要显示大于 1 的轮廓时，可通过修改渲染面板中的滤镜参数获得。

边缘检测（Edge Detection）中的 ID 差异（ID Difference）是一个非常重要的选项，启用该功能会在重叠的物体间自动检测并分离两个不同的物体轮廓，取消勾选后，两个物体的轮廓将合二为一。如图 7-11 所示。

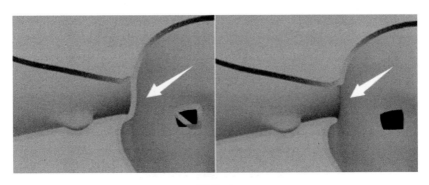

图 7-11

着色器差异（Shader Difference）用于区分不同的材质，当启用该选项后，不同的材质直接将产生轮廓线，取消该选项，将导致不同材质的相邻面之间不产生轮廓线。

Mask Color 可用于添加贴图，软件会自动寻找颜色差异较大的边缘并在模型上产生轮廓造型，可用于为模型添加一些纹理效果，它遵循黑透白不透的原则。

UV 阈值（UV Threshold）利用相邻像素的 UV 差别进行边缘检测并产生相应的轮廓效果。角度阈值（Angle Threshold）利用相邻像素之间的角度差别进行边缘检测并产生相应的轮廓效果。这两个参数一般应用于较为复杂的模型。

法线类型中包含 Shading Normal、Smoothed Normal、Geometric Normal 三种方式。Shading Normal 方式会在模型的表面根据模型的起伏生成富有变化的结构调子（类似铅笔画效果）。Smoothed Normal 方式会去掉这些结构调子，让画面看起来更干净一些。Geometric Normal 则会让物体上的局部结构的轮廓线都变得更加清晰，并会在模型的内部产生结构线，如图 7-12 所示。

高级边缘控制可用于更改不同颜色相重叠的轮廓的优先级。当值为 0 时，重叠轮廓的颜色会以融合的方式显现。当选择的物体的轮廓优先级高于其他时，则重叠部分优先显示该轮廓线。如人类的嘴唇边缘位置，它既属于嘴唇的轮廓，也属于脸部的轮廓，但它们的颜色往往是不同的。此时可用该选项选择轮廓线优先显示哪种颜色。

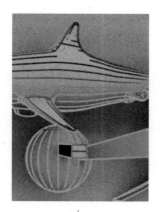

图 7-12

二、基础和镜面反射

基础（Base）选项用于控制模型的基本颜色，也可以通过添加贴图来实现基础颜色的渐变。在基础下的 Tonemap 选项中可添加渐变节点，获得基础颜色的渐变效果。渐变节点下的插值需要选择"无"并调整渐变滑块到临近的位置。

默认状态下镜面反射的权重为 0，即没有镜面反射效果。卡通材质的镜面反射效果一般用于高光效果，如眼球的高光等，在做眼球高光时，其权重值不可太高，还需要具有一定的粗糙度才能够表现出比较完美的高光效果，这里的粗糙度表示高光轮廓的模糊程度。如图 7-13 所示。不具有高光效果的表面材质一般不使用镜面反射参数。

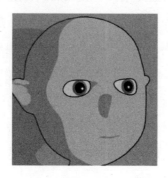

图 7-13

对于轮廓来说无论使用哪种灯光，只要能够照亮对象就可以使用，但是对于 Base 属性来说，不能够选择具有反弹效果（全局光）的灯光，因为卡通材质模拟的是平面效果，使用了全局光灯光会对弱化材质的明暗交界线，这会使模型看起来更具有立体感。可使用 Maya 自带的平行光作为主光。

三、风格化高光和边缘照明

风格化高光（Stylized Highlight）用于增强画面的高光细节，它支持的灯光类型比较包括点光、平行光、聚光灯和光度学灯光，其中支持的最好的是点光。在风格化高光的灯光选项框里要复制所用灯光的名称而不可以直接拖动大纲中的灯光。在风格化高光的颜色选项中可加入高光造型的贴图，如图 7-14 所示，这会让高光的细节更加丰富。在其面板的下方的高级选项中需要取消勾选 "Energy Conserving"，另外，在高光权重中需要把高光值设置为 1，这两项是满足风格化高光的必要条件。

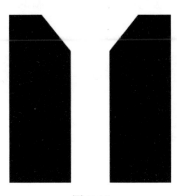

图 7-14

边缘照明（Rim Lighting）也用于丰富画面效果，还可以让对象的轮廓看起来更加清晰。通过颜色选项可修改边缘照明效果的冷暖，在宽度选项中输入 0 到 1 的数值可改变边缘照明宽度。染色（Tint）对边缘的亮度控制也有一定作用。

第五节　功能型材质

一、混合材质

混合材质（Ai Mix Shader）可以将两个不同的材质混合到一起，从而实现一个材质上的两种效果，如透明直尺上的刻度。

在混合材质（Ai Mix Shader）中包含 shader1 和 shader2 两个属性，每个属性都可以连接不同的材质，通过混合权重（Mix Weight）的比例分配或连接获得混合后的效果。shader1 和 shader2 顺序不可颠倒，shader1 始终位于底层，shader2 位于顶层。shader2 需要连接混合材质的透明贴图，贴图支持 PNG 等常用的带 Alpha 通道的图片。透明贴图需要贴入到颜色通道，但默认情况下不会产生透明效果，还需要在材质编辑器中找到相应的"贴图文件"节点，并把该节点的 Alpha 输出点连接到混合节点的 Mix 输入点，此时可能仍然不会显示透明效果，这是因为在模型的 Arnold 选项中的不透明选项是开启状态。如图 7-15 所示。

图 7-15

需要特别注意的是，拖入材质到相应的通道时，应拖入到棋盘格图标上，拖入到对话框内无法完成连接操作。也可通过材质编辑器中的节点连接方式直接接入混合材质的两处接入点。当所有连接都完成后，混合材质中的三个选项已经完全被占用，混合权重也因 Alpha 通道的连接而不可调。此时通过渲染窗口可以看到透明贴图效果已经完全实现。如图 7-16 所示。在此基础上的两个材质可进行单独调整而不互相影响。

图 7-16

二、分层材质

分层材质和混合材质都有制作透明贴图的功能，不同的是，分层材质支持 8 层材质的混合，但分层材质节点默认情况下没有 Mix 通道，无法通过材质编辑器连接 Alpha 通道到 Mix 通道的方式获得遮罩效果。此时，可在属性面板中的 Mix 通道中添加一个"贴图文件"节点并添加遮罩贴图（遮罩贴图需要前景为黑色，背景为透明状态），而后可发现在混合材质中已经生成一个 Mix2 连接项，再次把"贴图文件"的 Alpha 连接到 Mix2 即可获得需要的效果。也就是说，想要获得透明贴图的完整效果，需要在 opacity 和 mix 通道内分别加入相同的遮罩贴图，如果只在 Mix 中加入遮罩图，则无法获得较高的边缘清晰度。如果只在 opacity 里添加遮罩贴图，则无法得到完整的材质，因为当 Mix 值偏向任何一方时，都意味着另一方的不透明度受到损失。只有通过单贴图下的双通道遮罩方式才能获得完美的透明贴图效果。如图 7-17 中的双箭头所示。

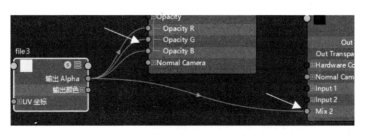

图 7-17

三、线框材质

线框材质（Ai Wireframe）可在渲染视图中得到模型的线框图。在线框类型中可选择四边面和三角面等方式，在填充颜色中可改变模型的颜色，也可以通过 Line Color 更改线框的颜色，Line Width 滑块可更改线框的宽度。通过渲染可发现，这种线框渲染方式获得模型的填充色为单色，没有立体光影表现，如果想获得立体效果的线框渲染图，则需要先为模型指定一个标准材质，然后在标准材质的色彩通道中添加线框材质。如图 7-18 所示。

图 7-18

第六节　Maya 灯光

虽然 Arnold 自带的灯光基本能够满足日常制作的需要，但 Maya 自带的灯光有时候也起到了重要的补充作用。在 Maya 中有六种基本灯光类型，分别为 Ambient Light（环境光）、Directional Light（平行光）、Point Light（点光）、Spot Light（聚光灯）、Area Light（区域光）、Volume Light（体积光），它们在不同的条件下会起到不同的作用。

一、点光源

点光源是一种应用非常普遍的灯光，它的特点是从某一点向周围全角度照射，因而可以模拟一个路灯或烛光等常用光源。它的灯光强度较弱，即使强度值设置到 1000，也很难把较大的场景照亮。

默认照明启用后，灯光会照亮场景中所有物体。如果取消勾选该选项，点光源将只照亮灯光连接器所链接的物体。还可通过"发射漫反射"（Emit Diffuse）和"发射镜面反射"（Emit Specular）分别控制灯光对场景中的物体产生哪种照射效果，当我们仅需要它对物体产生一些高光效果以丰富画面细节时，就可以取消漫反射的照明。

在衰退速率中可选择线性、二次方、立方和无衰竭四种方式。线性方式会随着距离的逐渐增大而降低灯光的强度，但它的衰减速率要慢于真实世界的灯光。二次方的方式会使灯光以平方的比例下降，这与真实灯光的衰减速率是一致的。而立方的方式将快于真实灯光的衰减速度。

在阴影方面，点光源支持深度贴图阴影和光线追踪阴影两种方式，深度贴图阴影的渲染速度较快但质量不高，而光线追踪阴影更真实，但渲染速度较慢。

二、区域光

区域光是一种室内场景中常用的灯光，这种灯光具有方向性，只照射它所指向的方向。同时它也具有尺寸属性，照明效果会随着灯光比例的改变而发生不同的变化。灯光越小，其照明的中心点越亮；灯光面积越大，其照明的中心效果越不明显，场景所受光线的影响越平均。利用这种特性，我们可以使用区域光作为补光板以增强场景的照明效果。

其衰减和阴影方面的设置与点光源完全一致。

三、聚光灯

聚光灯具有"圆锥体角度"和"半影角度"两个独特的属性。"圆锥体角度"控制着聚光灯的开口半径，数值越大照射范围也越广，其有效范围不超过 179.994 度。"半影角度"控制着灯光边缘的模糊程度，数值越大边缘过渡越自然。聚光灯有一个单独的"衰减"（Dropoff）选项可调，该衰减效果数值越大，衰减的有效范围越小，它是一种向内衰减，如果需要更人范围的光照则需要增加"圆锥体角度"的数值。

四、环境光

环境光是一种全向式照明灯光。它的光照不存在衰减效果，具有环境光的场景会受到环境光的均匀照射。移动其位置会产生相应的照明变化，但它不受灯光大小和方向影响。因此，它仅适合于提升场景的整体亮度，作为主光使用时，它的光照效果过于平均化，也因其不产生阴影效果使场景看起来缺少真实感。所以，当需要使用环境光的时候，其照明级别不应高于主光。

五、平行光

平行光模拟的是太阳光，灯光的缩放和位置都不会影响到光照变化，但是它具有方向性，因此，也常用于制作灯光阵列以模拟全局照明的效果，用于制作灯光阵列时，其灯光强度应以画面远处的物体为参考，每个灯光的颜色要一致。这样可以利用主光与阵列光的照明强度对比形成一定的衰减效果。

六、体积光

体积光由于可形成很好的光照体积效果常用于模拟烛光、台灯、小夜灯等小范围照明效果。可选类型有"球体"（Sphere）、"长方体"（Box）、"圆锥体"（Cone）、"圆柱体"（Cylinder）。默认为"球体"（Sphere）。

颜色范围（colorRange）是从灯光中心到边缘的光照颜色。它是体积光最核心的参数选项。通过更改渐变色块及分布方式获得体积光照变化，在色彩变化和组合形式上都具有高度的灵活性。渐变右侧的圆点色表示体积中心的光照颜色，左侧表示外围颜色。在插值方式上有"线性"和"平滑"等三种方式可选,通过选择不同的插值可获得不同的光照衰减效果。在体积光方向上也可以选择不同的照射方向,三种照射方式为"向内""向外"以及"向下"。"向内"方式是灯光体积内的光线向中心照射,因此它是一种特殊效果。

第七节 UV 编辑器

UV 编辑器是三维动画中必不可少的工具。Maya 默认创建的几何体一般具有较为完整的 UV 结构,但是经过编辑的几何体,其模型的 UV 会呈现混乱的排列方式。到目前为止,几乎没有一个软件能对模型的 UV 信息进行完美地拆分与整理,因此,在三维动画中 UV 工作是较为繁杂的。利用好 UV 编辑器可以大大地提高制作效率。

一、创建 UV

Maya 提供了多达 8 种的 UV 创建方式,其中使用最为普遍的是平面和摄影机方式。

平面方式支持从不同的轴向进行 UV 创建,因此,在方向性较为明确的模型中可直接使用平面方式创建 UV,如扁平造型的器物,可选择面积较大的方向作为 UV 投射的主方向。但是平面创建的 UV 在 Maya 中存在一个偶发性的问题,当存在重合的两条边时,软件可能无法对其进行拆分,会在 UV 编辑器中缺少一条边。所以,当一个模型以标准的矩形呈现时,就可能出现这个问题。既然在平面角度下容易出现重合的边,那么就意味着在三维视角下的斜角度下很难出现重合边的现象,因此以摄影机视角为投射方向的投射方式就可以解决这个问题。基于摄影机的投射方式几乎适用于任何模型的投射,它的主要问题在 UV 编辑器窗口中,其边线难以处于水平或垂直状态,这会在后续的 UV 调整中耗费较多的时间。如图 7-19 所示。

除了这两种主要的 UV 投射方式之外,Maya 还提供了一种自动 UV 方式,在这种方式下,只需要按一下"自动"按钮即可完成 UV 的拆分与排列工作。但是这样一种看似智能的方式其实也是有很多弊端的，例如它无法分析出最佳的切割位置，也无法把同一部件的 UV 按照合理的方式排列到一起。这种自动方式仅适合于一些要求不太高的模型。

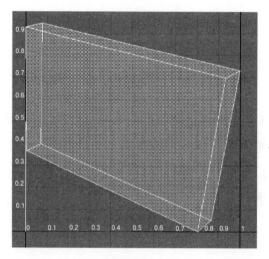

图 7-19

二、分割 UV

分割 UV 中包含了切割和缝合两部分的内容。第一种是选择相应的边进行"剪切"操作。第二种是使用"切割工具"在 UV 视图中直接进行涂抹式切割操作。这里推荐使用第一种方式，第二种方式在较为复杂或者是布线较多的模型中容易出现过度操作。

缝合 UV 也同样有"缝合"和"缝合工具"两种方式，其使用方法与"剪切"和"切割工具"类似。而缝合还包含了一个"缝合到一起"的工具，通过使用这个工具，可决定某个边的位置的改变。

三、优化

优化栏目中包含了两个最核心的功能"展开"和"拉直"。经过切割的 UV 在视图中仍然是以立体的方式呈现出来，只有经过平面化的 UV 才能够方便在平面绘图软件中绘制贴图。因此，所有切割过 UV 都需要进行平面化处理，也就是展开操作。展开功能也是检验切割结果是否合理的一种必要方式，对模型进行展开操作后，如果发现 UV 并没有被展成平面，就说明 UV 的切割方式是存在问题的。当然，被展成平面的 UV 也不一定不存在问题，UV 的展开过程还可能出现 UV 扭曲的问题，这需要通过棋盘格贴图的方式去检验。一般来说，棋盘格图片都显示为正方形的方格时，表示 UV 的分布是合理的，也是不存在扭曲的。但对于一些复杂的造型来说，完全不扭曲的效果难以实现，有的则是根本无法实现。针对这种情况，还要看其扭曲程度是否在合理的范围内。

对于一些严谨造型的模型来说，还需要进行 UV 的拉直操作。比如需要绘制一条笔直的边线时，如果 UV 的变形不是直线状态，那么就很难在平面软件中绘制出直线贴图。Maya 提供了"拉直 UV"和"拉直壳"两种方式，很多时候"拉直壳"很难将模型的边线拉直，这时候就需要对相应的边线的 UV 进行单独的拉直。

四、排列和布局

场景中的模型越多，其 UV 就越需要合理的布局。UV 输出只支持从 0 到 1 的单位方格内输出，这意味着有效的输出平面空间是有限的，只有合理地分配 UV 的布局才能够在贴图表现时更加合理。而大多数的排列可能都需要手动操作，这一模块的智能操作仍然是有很大的局限性的。但对于结构相似的 UV 来说，有时候可以使用堆叠功能快速把相似的 UV 叠加到一起，这样可大大节省 UV 空间，但是这样的操作也存在另一个问题，就是堆叠到一起的 UV 最终会呈现完全一样的贴图效果，这对于质量要求较高的项目来说是无法适应的。

五、单位化

单位化是一个效率极高的 UV 打直命令。对于已经投射且展开的 UV 来说，可直接执行修改菜单下的"单位化"命令。经过"单位化"的 UV 会以单一网格的方式填充到 UV 视图中，此时需要选择模型的所有"内部边"，然后执行"移动并缝合"命令（位于 UV 编辑器的"切割/缝合"菜单中，也可以通过配合 Shift 键＋鼠标右键找到该命令）即可完成拉直 UV 的操作。

六、对称命令

在动画制作中时常会遇到对称的模型，尤其在一些带有花纹的器具当中，可能对于对称的效果的要求是较高的，如果左右没有完全对称，那可能就会出现花纹出现接缝的情况。那么使用对称命令可完成所需要的效果。对称命令要求有一条所有 UV 都处于垂直或水平状态的直线作为对称的中线，具备了这样一条中线后，只需要选择一侧的所有 UV 点之后选择中线，软件就以选择的这条中线进行对称操作（位于修改菜单中或 Shift＋鼠标右键）。中线的位置可通过软件提示的方式进行修改，为了避免中线的 UV 点被移动也可以用固定面板下的"固定"对所选的 UV 点进行固定操作。

参考文献

［1］张子瑞. 数字三维动画 maya 技术［M］. 北京：中国人民大学出版社，
2015.

［2］周昆林. 三维动画造型制作［M］. 沈阳：辽宁美术出版社，2016.

［3］张燕翔. Maya 三维动画艺术［M］. 合肥：中国科学技术大学出版社，
2022.

［4］刘慧远. 绑定的艺术：Maya 高级角色骨骼绑定技法［M］. 北京：人民
邮电出版社，2014.

［5］周绍印. 传奇 Zbrush 数字雕刻大师之路［M］. 北京：人民邮电出版社，
2022.

［6］郭涛. Maya 的动画艺术［M］. 北京：兵器工业出版社，2005.